安全工程国家级实验教学示范中心(河南理工大学)资助

河南省高等学校重点科研项目(24A440006)资助

瞬时扩散-渗流模型及其在工程中的应用

史广山　高志扬　著

中国矿业大学出版社

· 徐州 ·

内 容 提 要

煤层渗透率是评价煤矿瓦斯(煤层气)抽采条件的重要参数。本书首先构建煤的瓦斯瞬时扩散模型并得到了其解析解,将瞬时扩散系数引入煤基质瓦斯扩散过程,建立煤层瓦斯非稳态瞬时扩散-渗流方程,采用 COMSOL 数值软件对该方程进行了求解并绘制了渗透率计算图版。其次搭建了实验室煤样瓦斯压力恢复曲线测定系统,测定不同条件下的煤样瓦斯压力恢复曲线,用图版法并基于压力恢复曲线解算出煤样渗透率,为验证该方法的可靠性,与用稳态法测定的煤样渗透率进行了对比。最后在现场测定煤层钻孔瓦斯压力恢复曲线,并用图版法计算出煤层渗透率,与前人测定的煤层渗透率结果进行对比,再次证明本书方法的可行性。

本书可供从事安全科学与工程、采矿工程等领域研究和学习的科研工作者、研究生和本科生参考。

图书在版编目(C I P)数据

瞬时扩散-渗流模型及其在工程中的应用 / 史广山,
高志扬著. — 徐州 : 中国矿业大学出版社,2024. 10.
ISBN 978-7-5646-6486-2

Ⅰ. TD712

中国国家版本馆 CIP 数据核字第 2024S25D35 号

书　　名	瞬时扩散-渗流模型及其在工程中的应用
著　　者	史广山　　高志扬
责任编辑	路　露
出版发行	中国矿业大学出版社有限责任公司
	(江苏省徐州市解放南路　邮编 221008)
营销热线	(0516)83885370　83884103
出版服务	(0516)83995789　83884920
网　　址	http://www.cumtp.com　**E-mail**:cumtpvip@cumtp.com
印　　刷	苏州市古得堡数码印刷有限公司
开　　本	787 mm×1092 mm　1/16　**印张** 7.75　**字数** 198 千字
版次印次	2024 年 10 月第 1 版　2024 年 10 月第 1 次印刷
定　　价	42.00 元

(图书出现印装质量问题,本社负责调换)

前　言

我国能源赋存具有缺油、少气、富煤的特点，这决定了解决中国能源问题的方法必须以煤炭为核心。而我国煤层瓦斯含量普遍较高，其中 50％以上的煤层为高瓦斯煤层，高瓦斯及其以上矿井数量占全国矿井总数的 44％。随着煤矿开采深度的增加，大量浅部瓦斯矿井逐渐升级为高瓦斯甚至煤与瓦斯突出矿井，煤层瓦斯含量和压力增大，瓦斯灾害将更加显著。瓦斯抽采、煤层气开发是将瓦斯变废为宝的十分重要的方式和举措，但我国大部分矿区煤层渗透率为 $10^{-4} \sim 10^{-3}$ mD，比美国低 3～4 个数量级，此类条件使原位煤体瓦斯抽采和煤层气开发难度更大。这是因为煤层渗透率是决定瓦斯抽采和煤层气开发成功的"一票否决"性的关键因素，是瓦斯抽采有利区域辨识、技术选型、判断措施有效的关键参数之一。在这种情况下，快速、准确地评价煤层渗透率对寻找瓦斯抽采、煤层气开发有利区块以及优化抽采、开采措施至关重要。

本书运用扩散、渗流等相关原理，借鉴油气藏开发领域利用试井测定储层渗透率的成果，采用理论分析、数值计算、实验室测试、现场试验等方法，利用瞬时扩散-渗流模型及瓦斯压力恢复法开展煤层渗透率测定研究。

全书共分为 6 章。第 1 章为绪论；第 2 章为煤的瓦斯瞬时扩散模型研究；第 3 章为煤层瓦斯瞬时扩散-渗流方程构建与数值分析；第 4 章为煤样瓦斯压力恢复曲线实验室测试与渗透率分析；第 5 章为现场煤层瓦斯压力恢复曲线测定与分析；第 6 章为结论与展望。

本书的写作和出版得到了安全工程国家级实验教学示范中心（河南理工大学）和河南省高等学校重点科研项目（24A440006）的资助。

本书可供从事安全科学与工程、采矿工程等领域研究和学习的科研工作者、研究生和本科生参考。

本书由河南理工大学史广山和高志扬撰写。由于作者水平所限，本书难免存在不足和疏漏之处，敬请读者批评指正。

著　者
2023 年 12 月

目　录

1　绪　　论

1.1　研究目的和意义

我国地下煤层中含有丰富的瓦斯资源。其中,埋深 2 000 m 以浅的瓦斯资源量约为 36.81 亿 m³[1-2],1 000 m 以浅、1 000~1 500 m 和 1 500~2 000 m 的瓦斯资源量分别占全国瓦斯资源总量的 38.80%、28.80% 和 32.40%[2-3](图 1-1)。

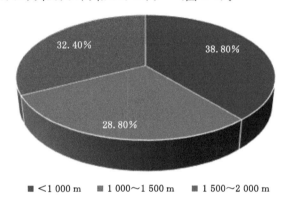

图 1-1　我国瓦斯资源量随埋藏深度的分布情况

井下瓦斯抽采、井上煤层气开发是将瓦斯变废为宝的十分重要的方式和举措。

尽管我国已经查明的瓦斯资源十分丰富,但煤层渗透率是决定瓦斯抽采和煤层气资源开发成功的"一票否决"性的关键因素,是瓦斯抽采有利区域辨识、技术选型、判断措施有效的关键参数之一。我国主要煤层成煤时间早,历史演化时间长,并且经历了印支构造、燕山构造、喜马拉雅构造等多期构造运动的破坏、改造[4],煤层原生结构煤遭到破坏,构造煤发育,从而造成煤层瓦斯赋存特征极其复杂,煤层渗透率普遍较低并且人工增加煤层透气性较为困难。在这种情况下,快速、准确地评价煤层渗透率对寻找瓦斯抽采、煤层气开发有利区块以及优化抽采、开采措施至关重要。

关于现场条件下储层渗透性的测定方法,我国煤矿井下主要采用周世宁[5]院士创建的钻孔瓦斯径向流量法来测定煤层透气性系数;而对油气层开发来说主要采用现场试井的方式测定油气藏渗透率。用径向流量法测定煤层透气性系数,在我国应用最为广泛,也是目前评价煤层渗透性的主要方法,为保证我国煤矿安全生产起到了重大作用。但径向流量法测定周期一般较长,这是因为它要测定煤层的瓦斯压力,而被动测压法就要 30 天以上。径向流量法须测定多个参数,除了要测定煤层瓦斯压力、钻孔瓦斯流量外,还须测定瓦斯含量系数、煤中钻孔长度、煤中钻孔半径等,其中瓦斯含量系数需要用专门的设备测定。但在现场实际操作过程中,瓦斯压力和瓦斯含量往往可通过现场实测得到,或者瓦斯压力可通过井下实测得到,瓦斯含量可利用朗缪尔方程反算得到,然后利用瓦斯压力值和瓦斯含量值计算得到瓦斯含量系数。煤矿井下生产和煤层条件复杂,瓦斯含量和瓦斯压力很难准确测定,而任何一个参数测定不准确都会造成测定结果失真。在油气藏开发领域,用试井方法测定油气藏渗透率较为成熟[6],在思想方法方面运用了系统分析的方法,在试井解释模型方面已建立了均质油气藏试井解释模型、非均质油气藏试井解释模型,可以针对油气藏的具体情况进行选取。然而试井过程费用较高,且地面钻井过程周期长,工序较为复杂。

我国煤层结构复杂、构造煤发育,准确评价煤层的渗透性较为困难。因此,在原有煤层渗透性研究基础上,借鉴油气开发领域储层渗透率研究成果,建立煤矿井下简单、快速、实用的煤层渗透率测定方法,无论是对井下瓦斯抽采还是对煤层气开发都非常迫切。

煤层钻孔瓦斯压力恢复过程是煤层瓦斯扩散、渗流的结果,是煤层渗透率的直接反映,运用瓦斯地质学、扩散理论、渗流力学等理论,利用实验室测试、数值计算、现场试验等方法,结合油气藏渗透率测定方法和煤层透气性系数测定方法的优点,开展瞬时扩散-渗流模型及瓦斯压力恢复法煤层渗透率测定研究,这对丰富瓦斯流动理论、降低渗透率测定成本、提高抽采效率、寻找高渗富集区、减少煤矿瓦斯灾害有重要意义。

1.2　国内外研究进展

1.2.1　煤的扩散理论研究进展

瓦斯的扩散理论认为瓦斯从微孔表面解吸进入裂隙系统的过程属于扩散[4],符合菲克扩散定律。在煤中瓦斯扩散微观机理方面,Smith 等[7]指出煤层中气体扩散是克努森扩散、体积扩散和表面扩散的共同结果。聂百胜等、何学秋等[8-10]认为煤体存在多扩散机制:① 菲克型扩散;② 克努森扩散;③ 过渡型扩散;④ 表面扩散;⑤ 晶体扩散。闫宝珍等[11]将煤层气扩散划分为气相扩散、吸附相扩散、溶解相扩散、固溶体扩散。国内外学者在考虑孔隙结构、边界条件和简化模型形状等方面已经建立了单孔隙球状模型、单孔隙柱状模型、双孔隙球状模型。单孔隙球状模型是假设钻屑(煤粒)为球形而建立的。Richard 等[12]在研究天然气在沸石中的扩散时,得到了单孔隙球状模型扩散率的精确解,并导出了扩散率的简化式[13]。Crank[14]也得到了扩散率的精确解及简化式。杨其銮等[15-16]将煤屑的形状简化为球形,根据菲克第二扩散定律,得到第一边界条件下煤屑瓦斯扩散方程的无穷级数解,并论述了煤屑瓦斯涌出规律,提出了极限煤粒假说。张飞燕等[17]进一步完善了煤屑瓦斯扩散方程的理论求解过程。聂百胜等[18]基于煤颗粒表面传质理论,构建了第三边界条件下的煤粒瓦斯扩散数学模型。在单孔隙柱状模型方面,Crank[14]给出了边界条件和解析解,Li 等[19]根据菲克第二定律建立了圆柱型煤样扩散方程并给出了数值解。国内外研究已有报道,单孔隙模型可能不利于较好描述瓦斯在煤中的扩散作用[20-23],这主要是因为煤中存在双孔隙,因此单孔隙模型不能描述瓦斯扩散的整个过程。鉴于此,Ruckenstein 等[21]提出了双孔隙扩散模型,该模型中包含了快速扩散的宏观孔隙和扩散较慢的微观孔隙。Clarkson 等[22]发现双孔隙模型在描述烟煤时的拟合精度不好。为此,Clarkson 等[22]和 Shi 等[23]提出了改进的双孔隙模型,易俊等[24]用双扩散数学模型模拟了采空区的瓦斯运移。在双孔隙扩散的基础之上 Li 等[25]认为瓦斯在煤中的扩散过程存在着多阶段,进而提出了瓦斯扩散的三孔隙模型,并用来描述低煤阶煤的瓦斯扩散过程。

最近,一些学者认为扩散系数与时间是密切相关的,并基于此建立了瓦斯扩散模型。简星等[26]在开展煤中 CO_2 的扩散实验时发现扩散系数随时间变化的特征。袁军伟[27]和 Yue 等[28]认为扩散系数与时间满足关系式 $D_t = c/(dt+1)$,其中 D_t 是与时间相关的扩散系数,c 和 d 都是回归常数。岳高伟等[29]得出低温条件下瓦斯扩散系数与时间的关系呈幂指数关系。李志强科研团队[30-33]认为扩散系数随时间的变化呈负指数关系,并建立了动态扩散系数新模型,利用分离变量法得到解析解;以新扩散模型为指导研究了温度对扩散系数的影响和构造煤中瓦斯扩散机理。除以上模型外,国内外近十年来还相继提出了分形反常扩散模型[34]、三孔隙模型[35]、双指数模型(DE)[36]、线性驱动模型(LDF)[36]、简化双孔隙模型[37]、菲克放散模型(FDR)[38]等众多模型,但往往理论值不能较好反映实测值,计算结果偏差大。根据以上扩散理论,学者们提出了各种扩散系数计算方法,一些学者在煤粒瓦斯扩散方程第一类边界条件下[39]或第三类边界条件下[40-41]的解析级数解基础上,只取一项来简化计算扩散系数。聂百胜等[42]、Charrière 等[43]、Pillalamarry 等[44]在扩散方程拉氏变换解的基础上,计算了扩散系数。

除此之外,张路路等[45]依据不同尺度孔隙中的流动机制导出了随孔隙尺度和孔隙压力变化的动态扩散系数。除用菲克定律描述煤粒吸附、解吸动力过程外,秦跃平等[46-50]根据达西定律建立了煤粒瓦斯放散方程,通过与瓦斯实验和基于菲克定律建立的瓦斯扩散方程进行对比得出煤粒中的瓦斯放散更符合达西定律;刘鹏等[51]认为密度差是瓦斯吸附流动的动力并建立了相应的吸附模型。随着研究的发展,不同瓦斯流动机制开始引入瓦斯扩散系数的计算过程和煤粒瓦斯放散过程。安丰华等[52]以吸附空间占比为权重系数将克努森扩散、体积扩散和表面扩散引入瓦斯扩散过程,构建了多尺度孔隙介质瓦斯传质模型;采用赌轮盘法借助 MATLAB 和 COMSOL 软件反演煤孔隙空间分布,并拟合计算了压力解吸量。李志强等[53]建立了瓦斯微纳米串联多尺度动态扩散渗透率模型,实现了多尺度渗透率的微观区分与宏观联合。

在瓦斯扩散实验进展方面,根据测定原理,瓦斯扩散实验方法可以分为体积法和重量法。体积法指通过测定不同时间间隔的瓦斯放散体积,来研究煤粒在不同条件下的扩散规律。国内外许多学者利用体积法研究了不同因素对瓦斯扩散规律的影响。富向等[54]、陈向军[55]研究煤的破坏类型对瓦斯解吸扩散的影响,结果表明破坏类型越高的煤瓦斯解吸强度越大。杨其銮[56]、曹垚林等[57]基于煤粒的瓦斯扩散实验,认为在小于一定粒度范围内,瓦斯解吸参数随颗粒煤粒度的增大而减小。王兆丰[58]、卢平等[59]通过实验研究认为,在粒度相同的条件下,可以用幂函数来描述瓦斯放散初速度与吸附平衡压力之间的关系。Joubert[60-61]和 Clarkson 等[62]的研究结果表明,煤吸附气体的能力随煤中水分的增加显著降低,但当水分超过一定的临界值时,水分对煤吸附能力的影响不显著。曾社教等[63]认为随着温度升高,解吸率增大。杨福荣[64-65]介绍了抚顺煤科分院 1990 年引进德国 M25D-P 重量法高压吸附实验装置,认为其具有良好的气密性和较高的测试精度,并且与石英弹簧秤重量法、微量电子天平重量法、体积法进行了对比分析,认为重量法为煤炭科研和生产提供了可靠的测试手段。

1.2.2　渗流理论研究进展

由固体骨架和相互连接的孔隙、裂隙、洞穴、毛细管系统组成的材料被称为多孔介质，并且通过多孔介质的流体流动被称为渗流[66]。煤是一种典型的多孔介质。煤层渗流力学涉及煤层地下流体渗流规律的研究。地下渗流力学起源于 20 世纪 50 年代，达西的经典渗流力学基本定律，即达西定律[67]，是在法国水利工程师达西的实验基础上建立起来的。20世纪 80 年代以来[68-69]，煤层瓦斯渗流力学有了较快发展。

（1）线性瓦斯渗流理论

线性瓦斯渗流是指瓦斯在煤层中的运移可用达西定律来描述。苏联学者率先用达西定律来研究煤层内瓦斯气体的运动，我国周世宁[70-73]首次将线性瓦斯流动理论引入煤层瓦斯渗流问题研究，同时建立了我国煤层瓦斯流动理论的基础。周世宁通过数值计算的方法对比了均质渗流模型和扩散渗流模型，结果表明考虑长期稳定的瓦斯涌出量计算时，达西定律计算公式和计算结果是完全可用的，并给出了煤层瓦斯流动的单向流模型、径向流动方程模型、球向流动模型。国内学者在建立煤层瓦斯运移方程时，大多利用朗缪尔方程来描述吸附瓦斯含量，然后依据质量守恒定律，并结合达西定律建立方程。但是为了计算简便，也有学者用抛物线代替瓦斯含量方程。一些学者不断地对线性渗流方程进行完善与改进，并用应用线性瓦斯渗流理论解决现实遇到的问题。郭勇义[74]结合相似理论求解一维条件煤层瓦斯流动方程，并得到了其解析解。谭学术[75]认为理想气体状态方程不能描述瓦斯在煤层中的状态，而采用真实气体状态方程代替了理想气体状态方程，从而建立了煤层真实瓦斯气体流动模型。孙培德[76-77]通过改进瓦斯含量的表示方法从而建立了新的线性瓦斯运移模型，通过对比得出新模型相对国内外三大模型更符合实际。余楚新等[78-79]通过对朗缪尔方程的研究认为在瓦斯流动过程中全部瓦斯不可能都参与，鉴于此建立了煤层瓦斯流动方程。高建良等[80-82]根据瓦斯状态方程、线性达西定律，依据质量守恒方程，构建了二维条件下瓦斯在煤层中流动的动力学模型，利用该方程和有限差分数值计算方法，对煤层瓦斯压力分布、涌出量计算、钻孔周围瓦斯分布等一系列现实问题进行了分析和探讨。

（2）非线性瓦斯流动理论

煤是一种特殊的多孔介质，瓦斯在煤层中运移可能不符合达西定律[79]。关于线性达西定律是否适用均质多孔介质中的瓦斯渗流，许多学者进行了研究[83]，同时指出不符合达西定律的原因主要有：① 流量过大；② 分子效应；③ 离子效应；④ 流体本身的非牛顿态势。孙培德[84]依据幂定律推广形式构建了非线性瓦斯运移模型。罗新荣[85]考虑克林伯格效应修正了达西定律，同时构建了相应的非线性瓦斯运移模型。姚宇平[86]采用数值计算的方法分析了幂定律和线性达西定律之间的差异，并结合中马村矿实测数据进行分析，认为达西定律与实际更符合。刘明举[87]则对孙培德提出的幂定律模型进行了修正。李波等[88]建立了加载煤体渗透率与有效应力的关系方程和可描述煤层瓦斯流动的非线性渗流运动方程。张志刚等[89-92]在原有达西定律的基础上考虑了吸附作用，建立了相应的瓦斯流动非线性方程，并利用积分变换的方法得到了考虑吸附作用的瓦斯渗流方程的解析解。秦跃平等[93]构建了双重介质煤体钻孔瓦斯双渗流模型。

（3）扩散-渗流理论研究现状

煤体是典型的孔隙-裂隙介质[94-95]，其中孔隙（尤其是微孔）是瓦斯的主要储存场所，而裂隙是瓦斯在煤中运移的通道[96-97]，这一观点在多领域、多学科范围内已达成共识。为了研究方便，根据煤中孔隙和裂隙在瓦斯运移中的作用，煤层的复杂结构被简化成理想模型[98]——裂隙系统将煤分割成许多小的煤基质，而煤基质中又包含大量的孔隙。根据苏联学者霍多特的分类[99]，通常将煤中的孔隙的空间尺度划分为微孔、小孔、中孔、大孔、可见孔。煤基质中有复杂的孔隙系统，从而使煤基质中具有丰富的内表面，最高可达 $200\ \mathrm{m^2/g}$，瓦斯主要是以吸附态储存在煤基质孔隙的内表面的，因此，煤基质孔隙是煤中瓦斯的主要储存空间，尤其是微孔和小孔。瓦斯在裂隙系统的渗透性要比孔隙系统的大 7～10 倍[100]，因此一般认为裂隙系统中的渗透率决定了整个煤层中的渗透率。随着研究和认识的深入，国内外学者都认为煤层瓦斯流动是瓦斯渗流和扩散共同作用的结果[100-103]。Barenblatt 等[104]首次构建了双重介质渗流数学模型。Warren 等[105]对双重介质渗流模型进行了改进。Odeh[106]详细推导了立方体基质模型。杨力生[107]依据瓦斯地质的基本观点深入研究了煤层瓦斯运移理论，并认为煤层内瓦斯流动实质上是流体在孔隙-裂隙双重介质中的混合非稳定流动。Saghaifi[108]指出，煤层存在着大量的裂隙网络，游离的瓦斯从高压端流向低压端，同时煤层内部的瓦斯解吸并向裂隙扩散，在此基础上提出了煤层渗流-扩散瓦斯流动方程。吴世跃[109]建立了煤层瓦斯扩散-渗透的物理数学模型，该模型充分考虑了煤的压缩性、煤的结构特性、吸附游离瓦斯流动的差异及它们之间的关系。吴世跃等[110]、段三明等[111]论述了扩散渗流共同作用过程微分方程与纯扩散过程和纯渗流过程微分方程之间的差别与联系。张力等[112]利用达西定律和菲克第二定律建立了扩散-渗流方程，并进行了数值求解。魏建平等[113]建立了考虑渗流-扩散的煤层瓦斯流动修正模型。

1.2.3　压力恢复分析研究进展

压力恢复分析最早由赫诺提出，最初用于油气田开发领域，已形成了一套压力恢复试井理论，用来测定油气的渗透率[114-117]、流动系数[114-117]、地层系数[114-118]、控制储量[119-120]、探测半径[120]等参数。在压力恢复解释方法方面，随着研究的深入逐步形成了常规方法和图版法[114-115]。以上各方法的理论基础是渗流力学，其中压力恢复曲线可利用压降曲线通过叠加原理得到。其中，常规法由赫诺于 1951 年创建，即认为在径向流动条件下，压力的变化与时间的对数呈线性关系，利用这一关系可以得到储层的一系列参数，这种方法就是常用的半对数法或 MDH 法。但是，由现场实践发现在半对数坐标系中找不到相应的直线段，并且即使有直线段也不能明确直线段的范围，这是因为缺乏判断直线段出现的模型辨别和模型检验。针对常规法出现的不足，到了 20 世纪 60—70 年代，大批专家学者研制了多种均质油藏的试井解释图版，建立了图版分析方法。到了 20 世纪 80 年代，压力导数图版被研制出来，从而使试井解释有了重大的发展。随后压力导数图版、压力图版、半对数法都被用于压力恢复试井曲线的解释，相互对比，从而提高试井解释的准确性。油气藏的复杂性，简单的数学模型往往不能够准确描述油气藏孔隙-裂隙特征，在描述油气藏孔隙-裂隙结构的数学模型领域的研究较为活跃，如双重孔隙介质模型、垂直裂缝井模型、双重渗透基质模型等，其成果集中体现在文献[114]中。随着数值计算方法的发展，以前难以得到解析解的方程可以通过数值计算得到数值解。周维四等[121-122]利用有限元法研究了双重介质中单相弱可压缩流体流动方程并得到了其数值解，在此基础上建立了双重介质的压力恢复曲线，并根据数值解解释了压力恢复曲线的形态。尹定[123]建立了多重孔隙介质模型并利用有限元法对该模型进行了求解，在此基础上利用叠加原理，得到了多重孔隙介质条件下压力恢复曲线。Zhang 等[124]用数值方法考虑了裂隙对应力的敏感性和渗透率的滞后性,研究了裂隙井的压力恢复过程。

在煤矿安全领域,煤矿井下通常采用煤层钻孔流量法来测定煤层的透气性。瓦斯由煤层向钻孔的流动过程与油气向井筒的流动过程有相似之处。鉴于此,学者们开始研究钻孔瓦斯压力恢复过程,根据压力恢复曲线来解算煤层渗透率。周世宁[125]用相似理论与计算机计算相结合,由钻孔瓦斯压力上升曲线导出了计算煤层透气性系数的公式。原煤炭科学研究院抚顺研究所[126]、张占存[127]、杨宁波[128]、薛晓晓[129]、王昭[130]、董庆祥[131]、雷建伟[132]借鉴油井开发过程中压力恢复曲线的成熟理论和基本公式,构建了用于煤层透气性系数测定的压力恢复曲线方法。这些学者在计算煤层透性系数和渗透率时主要采用半对数法,利用直线段的斜率计算透气性系数和渗透率,但是直线段的起点和终点很难确定,雷文杰等[133]借鉴油气井领域相关理论合理确定压力恢复曲线中期直线段起始点的位置。另外,一些学者[134-135]利用压力恢复曲线来判断煤层中的含水性对煤层测压的影响。傅永帅[136-137]、郝家兴等[138]将油气田开发领域压力恢复试井的成熟理论应用到露天煤矿瓦斯参数测定和煤层气开发的参数测定过程中,并认为测定结果能真实反映煤层的瓦斯(煤层气)参数。

1.2.4 煤的渗透率研究进展

(1)煤渗透率实验研究进展

实验室测定煤渗透率的方法主要有两类,即稳态法和瞬态法。

稳态法是室内测定煤渗透率最常用的方法。该方法是根据达西定律设计而成的,首先通过进气端给煤样加气并让煤样达到吸附平衡,通过出气口放气。当进气端、出气端压力保持定值,出气口流量稳定时,认为吸附过程已经达到平衡,煤样渗透率趋于稳定不再发生变化。用稳态法测量渗透率有两种实验方法。第一种方法[139-140]是控制进气口和出气口两端的气压,使进气口和出气口两端的气压差保持恒定,观测出气流量的变化,当出气流量稳定后,记录流量值,根据公式计算渗透率。第二种方法[141]是只控制进气端的压力恒定,观察出口端的压力和流量,并记录出口端的空气压力和两者稳定后的流量,在此基础上计算渗透率。利用稳态法进行的煤渗透率室内实验包括两类:① 不同外界条件下,单组分气体(CH_4)渗透率的变化规律。这类渗透率实验[142-154]主要研究各种因素对绝对渗透率的影响,包括吸附作用、有效应力、温度和 Kelinkenberg 效应等,此类实验在国内外研究较早,并且取得了丰硕的成果。② 多组分气体驱替渗流实验[154-160]研究气体在煤中的吸附差异对煤渗透率的影响。此类实验是在注气增强煤层气开采技术被提出以后才出现的,以模拟不同注气条件下的渗透率演化规律。水-气混合两相流渗透率实验[161-163]主要研究水-气两相流动过程中相对渗透率的变化规律。

瞬态法是另一种常用的测定煤渗透率的室内实验方法,该方法由 Brace 等[163]于 1968年首次提出。瞬态法在煤样夹持器的上下两端添加了两个罐体,分别称为上游罐和下游罐。实验时为上游罐充气,然后打开上游罐与煤样夹持器以及煤样夹持器与下游罐之间的阀门,并记录上游罐与下游罐的气压变化,待上游罐与下游罐的气压差下降至指定值时停止实验。Pini 等[164]采用瞬态法研究了煤在恒定围压边界条件下吸附膨胀对其渗透率的影响。Pan 等[165]用瞬态法研究了有效应力的变化对渗透率的影响。Chen 等[166]应用瞬态法研究了有效应力公式中的比奥数和吸附膨胀变形对煤渗透率的影响规律。Wang 等[167]研究了水分对煤样渗透率的影响。Zheng 等[168]应用瞬态法研究不同外界条件对煤渗透率的影响。除此之外,祝捷等[169]利用含瓦斯煤热-流-固耦合三轴伺服渗流装置,在恒定温度、轴压和围压,降低瓦斯压力的实验条件下测定了煤样应变和瓦斯渗透率。刘永茜[170]开展了循环载荷控制下煤体渗透率演化规律研究。

（2）煤层渗透率现场测定研究进展

在现场煤层渗透率测定研究方面,苏联学者巴甫洛夫在著作中提出,在利用瓦斯压力钻孔测得最大瓦斯压力后,去掉压力表,使钻孔内的瓦斯压力降到 1 个大气压,然后装上压力表,根据压力上升与时间的关系计算渗透率,称为二次升压法。佩图霍夫等[171]基于无限大平面上两个完整钻孔相互作用的原理,其中一个钻孔作为源,另一个钻孔作为汇,建立了快速“压气-排气”法并测定了现场煤层渗透率。该方法适用于使一对测试钻孔沿煤层法向穿透煤层而测定渗透率的情况。王兆丰[172]认为最小自然粒径的颗粒煤,拥有相对稳定的渗透率,其值与煤层透气性系数之间具有一一对应的良好统计关系,鉴于此建立了用颗粒煤渗透率计算煤层透气性系数的方法。陶云奇等[173]和闫本正等[174]为实现煤矿井下直接测试煤层渗透率,依据煤层中瓦斯的平面径向流动理论模型,提出了圆周渗透率测试法,其基本原理与上面提到的“压气-排气”法类似。

我国主要用煤层透气性评价煤层渗透性,许多学者已经做了深入的研究。其中,周世宁[71-73]提出的径向流量法在我国应用最为广泛,一些学者还对该方法进行了改进。刘明举等[175]分析了用径向流量法测定煤层透气性系数时 AB 与时间准数 F_0 的关系,优化了透气性系数的计算过程。王志亮等[176]为了使 AB 值区间保持连续性,适当调整了系数 A 和系数 B。在此基础上,高光发等[177]建立了 $\lg(AB)$ 与 $\lg F_0$ 的回归关系,绘制了图形,从而避免了试算,可从图形中直接读出相关参数。孙培德[178]在径向瓦斯流动场定解问题的近似解析解基础上,推导了煤层透气系数的表达式。

1.3　存在的问题

通过分析煤的扩散理论、渗流理论、压力恢复分析、煤渗透率研究等方面的国内外研究现状,本书认为在上述研究的过程中还存在以下几点问题:

（1）将时间引入扩散系数后,瓦斯扩散模型能够更好地描述瓦斯扩散过程,但瞬时扩散系数与时间呈何种函数关系,缺乏有效的证明和相应的计算方法。

（2）煤是典型的孔隙-裂隙双重介质,煤基质扩散对瓦斯在煤层中运移的作用不可忽略,因此将煤基质的非稳态瞬时扩散效应引入瓦斯流动方程中很有必要。

（3）在煤矿安全领域利用瓦斯压力恢复法计算煤层渗透率时主要借鉴油气开发领域的常规试井解释方法,即通过找压力恢复过程中半对数直线段计算煤层的渗透率,缺乏符合井下煤层特征的压力图版并利用图版计算煤层渗透率。

（4）高精度自存储电子压力计的出现,为瓦斯压力恢复法测定渗透率带来了新的机遇,但鲜有利用实验手段研究瓦斯恢复过程的报道。搭建瓦斯压力恢复曲线实验室测试系统,对揭示压力恢复法测定煤渗透率的本质,分析外界因素对压力恢复的影响、检验方法的可靠性等方面,大有裨益。

1.4 技术路线及主要研究内容

1.4.1 技术路线

本书运用瓦斯地质学、扩散理论、渗流力学等理论,结合理论分析、实验室试验、数值分析等研究方法,开展了瞬时扩散-渗流模型及瓦斯压力恢复法煤层渗透率测定研究,具体的技术路线如图 1-2 所示。

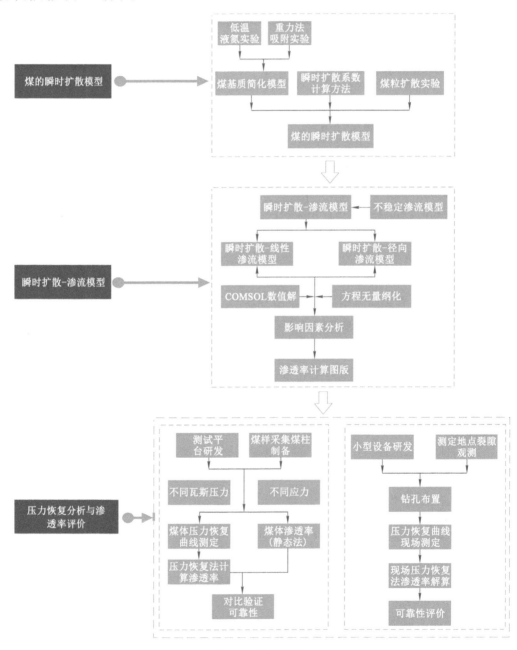

图 1-2 技术路线

1.4.2　主要研究内容

本书结合主要的研究方向,在查阅相关文献研究的基础上,主要进行了以下研究工作:

(1)煤孔隙特征、吸附特性与煤的瓦斯瞬时扩散模型研究

为了合理描述煤层的储运特征,利用低温液氮吸附法测定研究原生结构煤、构造煤的孔隙结构,分析研究煤样的孔隙分布特征。利用重力法对比研究原生结构煤、构造煤的等温吸附特征。在以上研究的基础上,基于相似理论和扩散第二定律建立瞬时扩散系数计算方法,并构建相应的非稳态瓦斯瞬时扩散数学模型,同时得到其形式简单解析解。

(2)煤层瓦斯瞬时扩散-渗流方程构建与渗透率计算图版建立

结合煤基质瓦斯瞬时扩散模型和不稳定渗流方程建立煤层瓦斯瞬时扩散-渗流模型,为使方程排除量纲的影响,使方程具有更广泛的适用性,并使求解方便,将上述方程无量纲化。根据实验和现场的瓦斯流场特征将上述方程分别简化,并利用 COMSOL 数值软件进行解算,分析各方程参数对无量纲时间与无量纲拟压力关系曲线的影响。在此基础上建立实验条件和现场条件下的煤渗透率计算图版。

(3)煤样瓦斯压力恢复曲线实验室测试与渗透率分析

鉴于现场煤矿条件复杂,测定周期长,搭建煤样瓦斯压力恢复曲线实验室测试系统;测定不同瓦斯压力、不同应力条件下煤样瓦斯压力恢复曲线;基于瞬时扩散-渗流方程建立实验条件下压力恢复曲线计算煤渗透率方法,通过瓦斯压力恢复曲线解算渗透率,并与稳态法测定的煤样渗透率做对比,从而验证压力恢复法计算渗透率的可靠性。

(4)钻孔瓦斯压力恢复曲线现场测定、煤层渗透率解算与评价

在古汉山矿二$_1$煤层中测定了钻孔瓦斯压力恢复曲线,根据瞬时扩散-渗流方程和计算图版,建立现场条件下基于压力恢复曲线计算渗透率的方法,并计算煤层渗透率;同时与古汉山矿二$_1$煤层已经测定的渗透率结果进行对比,从而验证压力恢复法测定渗透率的现场可行性。

2 煤的瓦斯瞬时扩散模型研究

煤层是典型的孔隙-裂隙双重介质,煤基质瓦斯运移机制对煤层瓦斯流动起着重要的影响作用。为揭示煤基质瓦斯运移机制,建立煤基质瓦斯运移模型,本章首先对古汉山矿二₁煤层原生结构煤和构造煤的微观孔隙结构特征进行了系统研究,并利用重量法测定了古汉山矿二₁煤层原生结构煤和构造煤的吸附特征。其次结合以上实验结果,将煤基质形状简化成球形,将煤体简化成孔隙-裂隙双重介质结构,认为瓦斯从煤基质向裂隙系统的运移可以用菲克定律来描述,结合国内外研究进展,将瞬时扩散系数引入煤基质瓦斯扩散过程;同时依据相似理论和扩散第二定律,建立了瓦斯扩散系数计算方法,得出瞬时扩散系数与时间的函数关系式,在此基础上构建瓦斯瞬时扩散模型,并通过分离变量法得到解析解,利用扩散实验验证了其可靠性。本章的研究成果可以为后续建立煤层瓦斯运移模型奠定基础。

2.1 煤的孔隙特征

2.1.1 低温液氮吸附实验

煤是一种复杂的多孔性固体。一些学者对煤中的孔隙成因进行了深入的研究,并依据成因将煤中的孔隙划分成不同的类型[179]。其中,张慧[180-181]将孔隙划分为 4 大类 9 小类,如图 2-1 所示。

煤中的孔隙与瓦斯在煤中的储存、吸附、解吸、扩散有重要的联系,煤中孔隙的大小尺度变化很大,最小的呈纳米级,较大的肉眼可见。为了研究方便,有必要按照大小进行有效的分类,我国学者多采用霍多特提出煤孔隙大小分类方案[99],如表 2-1 所示。

表 2-1 煤孔隙大小分类

孔类别	孔半径	瓦斯流动状态
大 孔	孔半径(>1 000 nm)	强烈的层流渗透区间
中 孔	孔半径(1 000~100 nm)	缓慢层流渗透区间
过渡孔	孔半径(100~10 nm)	毛细凝结-扩散区间
微 孔	孔半径(<10 nm)	吸附容积区间

作为一种多孔介质,煤的孔隙尺度差异很大,瓦斯在煤中运移通过不同的孔径位置时,其渗透性是不一样的,存在着多重机制,瓦斯在煤中以何种机制运移,取决于孔道的大小和瓦斯分子的平均自由量程。当孔道的宽度大于瓦斯分子的平均自由量程时,瓦斯以渗流方式在煤中运移;当孔道的宽度小于瓦斯分子的平均自由量程时,瓦斯以扩散方式在煤中运移。瓦斯在煤中随孔道大小的运移机制如图 2-2 所示。

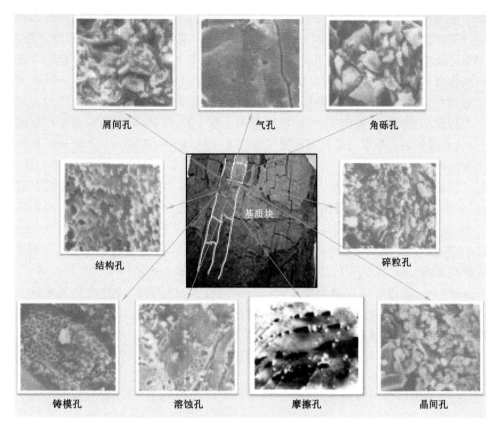

图 2-1 煤中不同类型的孔隙

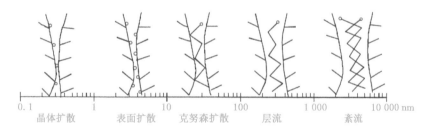

图 2-2 瓦斯的运移机制[182]

一般情况下,瓦斯在煤中的扩散机制可以由克努森数 K_n 来判定,克努森数 K_n 的表达式可以表示为[8-10]:

$$K_n = \frac{d_k \sqrt{2} \pi d_f p}{k_b T} \qquad (2\text{-}1)$$

式中　d_k——孔隙平均直径,m;

　　　k_b——玻尔兹曼常数,1.38×10^{-23},J/K;

　　　T——绝对温度,K;

　　　d_f——分子有效直径,nm;

　　　p——气体的压强,MPa。

除了可根据孔隙的大小对煤中的孔隙进行分类外,还可以根据煤中的孔隙形态将煤中孔隙进行不同的分类。煤中的孔隙形态各式各样,为了研究方便且不失一般性,煤中的孔隙被理想化地简化为几类典型的几何模型[183-184],然后便可分别讨论它们对吸附曲线的贡献。根据孔型结构和低温液氮吸附-脱附曲线,国内外学者将吸附回环分成了不同的类型并给出了合理的解释。Boer[185]将多孔隙材料的低温液氮吸附回环分为 5 类,同时描述了各个类型的孔隙形态特征。陈萍等[186]将吸附回环分为 3 类:L_1回环,其特点是无回环或回环特别小,认为煤中的孔隙以一端封闭的圆柱形孔为主;L_2回环,其特点是吸附回环在相对压力较大处出现明显的拐点,认为煤中的孔隙系统复杂,既有一端封闭的孔,又有开放型孔;L_3回环,其特点是解吸回环迅速下降出现在较高的相对压力处,出现迅速下降前只有缓慢的下降,认为此类煤中的孔隙呈墨水瓶状。降文萍等[187]基于低温液氮实验,将吸附回环划分为 3 类,其中 H_1回环与 L_1回环相同,并认为这种回环主要出现在碎裂煤和原生结构煤中。H_2回环与 H_1回环略有不同,即脱附曲线出现了变化轻微的拐点,并认为 H_2曲线主要出现在碎裂煤中。H_3回环与 L_2回环类似,并认为主要出现在糜棱煤中。蔺亚兵等[188]考虑了孔隙分布特征、高煤阶煤等因素将吸附回环分为 3 类:D_1类回环,特点是当相对压力为 0.9~1.0 时脱附回环迅速下降,但是之后便缓慢下降,无闭合点,并且拐点不明显,表现出易吸附、难解吸的特点,这种曲线主要出现在无烟煤中;D_2类回环与 L_2 和 H_3类似;D_3类回环与 L_1类似。在前人研究的基础上,本书利用低温液氮法测定了古汉山矿二$_1$煤的孔隙结构,并分析了其特征。

(1)低温液氮吸附法原理

低温吸附法是基于固体表面的吸附定律确定固体的比表面积和孔径分布的。平衡吸附容量随压力变化的曲线称为吸附等温线。通过研究吸附等温线可以得到固体中的孔型、比表面积和孔径分布。一般认为,BET 理论模型可以比较准确地解算出单层吸附量和固体的比表面积;而根据 BJH 模型可较为精确地计算固体孔隙的体积和得到相应的孔径分布。

(2)古汉山煤矿二$_1$煤孔隙结构测定

本次低温液氮吸附实验采用的是孔径分析仪 ASAP2460,该仪器是一个多站扩展孔径分析仪和孔径测试仪。为了实现高性能和高吞吐量,该仪器采用了独特的模块化系统。ASAP2460 基本配置是一个二站主控模块,当连接到另两个站模块时,可以扩展到四或六站分析器,该仪器还包含微激活软件,结合用户自定义报告,用来分析吸附等温线的数据。古汉山煤矿二$_1$煤孔隙结构测定结果如表 2-2 至表 2-4 和图 2-3 至图 2-11 所示。本次同时测定了原生结构煤和构造煤的孔隙结构特征,原生结构煤根据其宏观煤岩类型分为两类,即光亮型煤(包括光亮煤、半亮煤)和暗淡型煤(包括半暗煤、暗淡煤)。

表 2-2　煤样的总比表面积

类　型	$p/p_0=0.3$ 时单点比表面积/(m^2/g)	BET 比表面积/(m^2/g)	朗缪尔比表面积/(m^2/g)	t-Plot 微区域/(m^2/g)	t-Plot 外部比表面积/(m^2/g)	BJH 吸附累积孔隙比表面积/(m^2/g)	BJH 解吸累积比表面积/(m^2/g)
光亮型煤	0.465 9	0.484 0	0.994 9	0.073 1	0.410 9	0.340 0	0.409 8
暗淡型煤	1.012 9	1.103 0	1.788 4	0.457 0	0.646 0	0.374 0	0.092 6
构造煤	4.388 8	4.653 3	8.360 0	1.635 4	3.017 9	2.412 0	2.761 4

表 2-3　煤样孔隙体积与平均孔径

类　型	孔隙体积				平均孔径(直径)		
	单点吸附孔隙总孔容/(cm³/g)	t-Plot 微孔体积/(cm³/g)	BJH 吸附毛孔累积量/(cm³/g)	BJH 解吸毛孔累积量/(cm³/g)	吸附平均孔径/nm	BJH 吸附平均孔径/nm	BJH 解吸平均孔径/nm
光亮型煤	0.001 224	0.000 038	0.001 141	0.000 787	10.113 22	13.415 1	7.681 5
暗淡型煤	0.002 357	0.000 206	0.001 962	0.001 003	8.548 14	20.983 1	43.328 4
构造煤	0.010 729	0.000 743	0.009 447	0.008 895	9.222 32	15.667 3	12.884 4

表 2-4　孔径分布与孔隙体积和比表面积的关系

类　型	孔径 $d<10$ nm		孔径 d 为 10～100 nm		孔径 $d>100$ nm	
	比表面积	孔隙体积	比表面积	孔隙体积	比表面积	孔隙体积
光亮型煤	69%	21%	29%	54%	2%	25%
暗淡型煤	51%	12%	44%	56%	5%	33%
构造煤	66%	16%	31%	55%	3%	29%

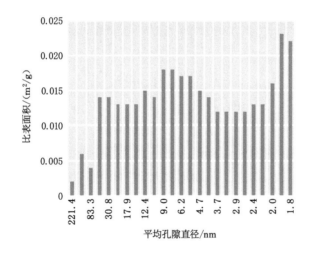

图 2-3　孔径分布与比表面积(光亮型煤)

2.1.2　实验结果分析

利用液氮吸附法测得研究煤样孔径范围为 1.7～300 nm,根据霍多特的分类方法,显示为微孔、小孔、中孔。不同方法测定的各类型煤的比表面积如表 2-2 所示,由表 2-2 可以看出,不同方法测定的同一种煤比表面积差别很大。比如,对光亮型煤来说,测得的最大比表面积是测得的最小比表面积的 13.6 倍,一般情况下以 BET 方法测定的比表面积为准。不同类型煤样间测定的比表面积有明显的规律,尽管测定方法不同,总体上构造煤的孔隙比表面积比原生煤的大。以 BET 比表面积为例,构造煤的比表面积是暗淡型煤的 4.2 倍,是光亮型煤的 9.6 倍。而暗淡型煤的比表面积大于光亮型煤的比表面积。

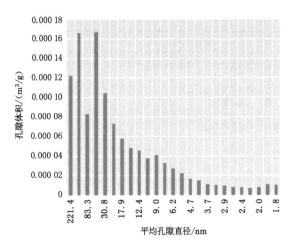

图 2-4　孔径分布与孔隙体积（光亮型煤）

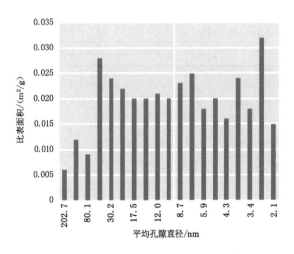

图 2-5　孔径分布与比表面积（暗淡型煤）

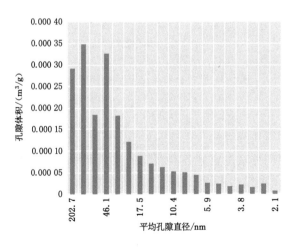

图 2-6　孔径分布与孔隙体积（暗淡型煤）

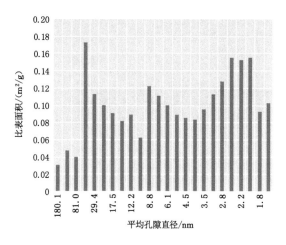

图 2-7 孔径分布与比表面积(构造煤)

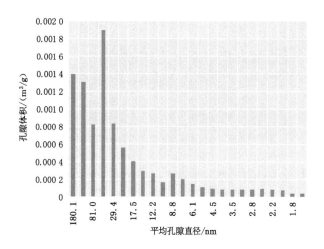

图 2-8 孔径分布与孔隙体积(构造煤)

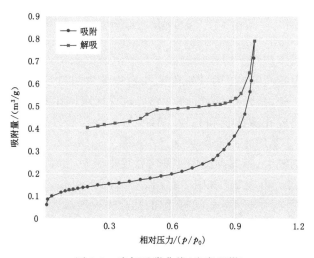

图 2-9 液氮吸附曲线(光亮型煤)

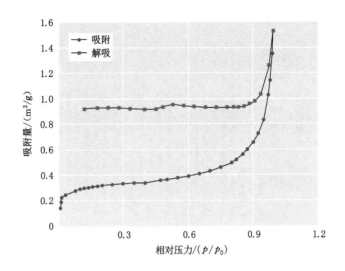

图 2-10　液氮吸附曲线(暗淡型煤)

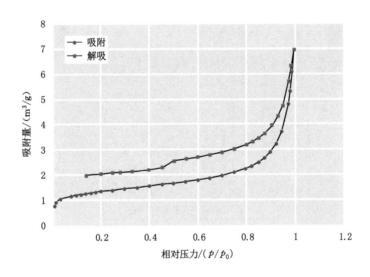

图 2-11　液氮吸附曲线(构造煤)

不同类型煤的孔隙体积和平均孔径如表 2-3 所示。由表 2-3 可知,构造煤的孔隙体积和平均孔径均大于煤中暗淡煤,以 BJH 吸附毛孔累积量为例,构造煤的孔隙容积是原生结构煤中暗淡型煤的 4.8 倍,是光亮型煤的 8.3 倍。这说明煤体在受到地应力作用后,煤体内的孔隙系统遭到破坏造成孔隙体积和孔径均有所增加。孔径分布与比表面积和孔隙体积的关系如表 2-4 和图 2-3 至图 2-8 所示,由表 2-4 和图 2-3、图 2-5、图 2-7 可知,微孔的比表面积占总比表面积的比例较大,不同类型煤样平均孔径小于 10 nm 的孔隙的比表面积占了总比表面积的 51%～69%。由表 2-4 和图 2-4、图 2-6、图 2-8 可知,微孔的孔隙体积占总体积的比例相对较小,平均孔径小于 10 nm 的孔隙的孔隙体积占总体积的 12%～21%。由此可见,微孔具有较大的比表面积和相对较小的孔隙体积,微孔是煤层瓦斯的主要储存空间,但其孔隙体积较小,瓦斯在微孔中的运动规律与常规气藏不同。平均孔径大于 100 nm 的孔隙,其比表面积只占总比表面的 2%～5%,其孔容(孔隙体积)占总孔容的 25%～33%,由此可见 100 nm 孔径以上的孔隙存储瓦斯较少,是主要的渗透空间。煤层的孔隙尺度与常规气藏的孔隙尺度有很大的不同,常规油气藏的孔隙尺度主要是微米级的,煤层的孔隙尺度为纳米级的,瓦斯分子自由程也是纳米级的,如表 2-5 所示。换言之,在常规气藏孔隙介质中瓦斯的平均分子自由程相比孔隙尺寸可忽略不计,由式(2-1)可知,此时克努森数 K_n 较大,如果只考虑流体的黏性力,而忽略流体的摩擦阻力和流体与孔壁之间的滑移效应,则达西公式可用于描述黏性流动。对于该范围内的气体渗流,气体分子之间的碰撞占主导地位,而气体分子与孔壁之间的碰撞可以忽略不计。但对煤层而言,由于其孔隙的尺度是纳米级的,由式(2-1)可知,这时克努森系数相对较小,纳米级孔隙应用扩散规律描述瓦斯的运移。

表 2-5　瓦斯分子直径及平均分子自由程(20 ℃,0.101 325 MPa)

气体分子	CH_4	CO_2	N_2
分子直径/nm	0.325	0.33	0.35
平均分子自由程/nm	53.0	83.9	74.6

不同类型煤的液氮吸附曲线如图 2-9 至图 2-11 所示。由图 2-9 至图 2-11 可知,原生结构煤和构造煤表现出不同的两种吸附回环类型,其中原生结构煤(光亮型煤和暗淡型煤)的液氮吸附回环与前面提到的 D_1 型吸附回环相同,即相对压力下降初期(0.9~1.0)解吸曲线迅速下降,但之后解吸曲线变得平缓,吸附和解吸曲线不闭合,解吸曲线拐点不明显。在整个吸附-解吸的过程中表现为易吸附、难解吸的特点。这主要是因为到了无烟煤以后煤分子的所有官能团几乎都脱落。随着煤化程度的进一步增强,在温度控制下,煤的芳香化程度显著增高、芳香层增大且出现定向排列,形成无烟煤特有的孔隙特征(即以狭缝型孔为主,含少量两端开口孔)。但是无烟煤形成的构造煤的吸附回环与原生结构煤不同,吸附回环与 H_2 回环相似,解吸曲线出现轻微的拐点,吸附-解吸曲线大致平行,这表明构造煤受地应力改造后孔隙连通性变好,瓦斯解吸能力明显增加,但是两边不封闭的平行板孔的存在,导致吸附-解吸曲线不闭合。

2.2　煤的吸附特征

煤层中除了少数气体以液体和固液形式存在外,绝大部分瓦斯以吸附和游离态存在于煤层中。吸附态气体的储量约占总储量的 85% 以上,游离瓦斯仅占总含气量的 5%~12%[189]。一般认为煤体对瓦斯的吸附可用朗缪尔方程来描述:

$$V = \frac{abp}{1+bp} \tag{2-2}$$

式中　a——吸附常数,m^3/m^3 或 m^3/t;

　　　b——吸附常数,Pa^{-1} 或 MPa^{-1};

　　　p——吸附平衡时的瓦斯压力,Pa 或 MPa。

朗缪尔方程的另一种表达方式为:

$$V = \frac{V_L p}{p_L + p} \tag{2-3}$$

式中 V_L——朗缪尔体积,m^3/m^3 或 m^3/t;

p_L——朗缪尔压力,Pa 或 MPa。

2.2.1 重量法吸附实验

（1）重量法简介[190-191]

重量法是利用直接称重的方法来测试煤样的吸附量,其核心部件是高精度磁悬浮天平,精度为 $10\ \mu g$。在用磁悬浮天平称重时,样品测定池通过永磁铁和独立于样品池外的电磁耦合感应将质量变化传递到天平。其最高测试压力为 $35\ MPa$,最高测试温度为 $150\ ℃$,如图 2-12 所示。在恒温条件下,甲烷在不同压力下被吸附,在煤基质表面形成吸附相。此时天平的读数可表示为:

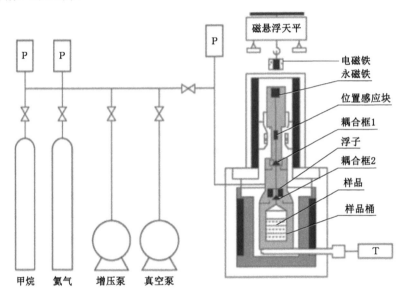

图 2-12 重量法等温吸附仪

$$\Delta m_t = m_{st} + m_s + m_j - \rho_q(V_{st} + V_s + V_j) \tag{2-4}$$

式中 Δm_t——天平显示数,g;

m_{st}——样品桶质量,g;

m_s——煤样质量,g;

m_j——吸附甲烷质量,g;

V_{st}——样品桶体积,cm^3;

V_s——煤样体积,cm^3;

V_j——吸附相体积,cm^3;

ρ_q——实验过程中甲烷的密度。

为得到所需的参数,重量法等温吸附实验整个测定过程包括如下三种实验:① 空白实验;② 浮力实验;③ 吸附实验。空白实验时不装样品,目的是得到样品桶的质量和样品桶的体积,此时式(2-4)可简化为:

$$\Delta m_t = m_{st} - \rho_q V_{st} \tag{2-5}$$

由式(2-5)可知,天平示数与气体密度呈线性关系,从而得到样品桶的质量和样品桶的体积。同理浮力实验时,装入煤样,并且通入不发生吸附的氦气,目的是结合空白实验得到煤样的重量和体积。此时,式(2-4)可简化为:

$$\Delta m_t = m_{st} + m_s - \rho_q(V_{st} + V_s) \tag{2-6}$$

得到所需的各参数之后,便可以进行吸附实验,通过式(2-4)可得到吸附量的计算公式:

$$m_j = \Delta m_t - m_{st} - m_s + \rho_q(V_{st} + V_s + V_j) \tag{2-7}$$

因上式中的 V_j 并不能通过实验得到,所以绝对吸附量不能直接通过实验方法得到。如果令过剩吸附量 m_g 由式(2-8)来表示:

$$m_g = m_j - V_j \tag{2-8}$$

则过剩吸附量 m_g 便可通过实验得出。而绝对吸附量只有采用矫正过剩吸附量才能获得。由式(2-8)可知,只要求得吸附相体积 V_j,便可得到绝对吸附量,而绝对吸附量体积可以由高压条件下甲烷密度与过剩体积的关系得到。研究表明绝对吸附量仍然符合朗缪尔方程。

（2）测定结果

为了研究不同实验煤样的吸附特性,在四川省科源工程技术测试中心对古汉山矿二₁煤的吸附常数进行了测定。本次同时测定了原生结构煤和构造煤吸附常数,原生结构煤根据其宏观煤岩类型分为两类,即光亮型煤(包括光亮煤、半亮煤)和暗淡型煤(包括半暗煤、暗淡煤),并且将每种类型筛分成两种粒度(35～60 mm 和 60～80 mm),测定温度为30 ℃,其测定结果如图2-13至图2-18所示。将式(2-2)进行变化可得:

$$\frac{p}{V} = \frac{p}{a} + \frac{1}{ab} \tag{2-9}$$

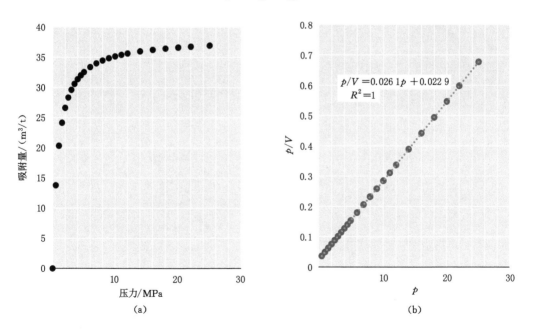

图2-13　光亮型煤(35～60 mm)等温吸附曲线与拟合曲线

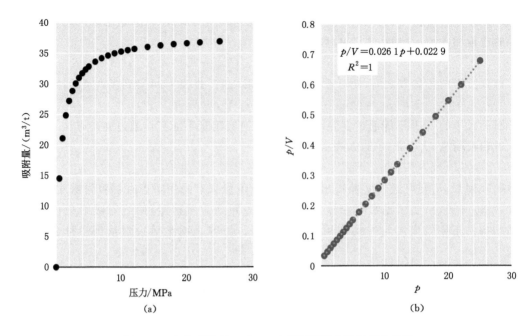

图 2-14　光亮型煤(60～80 mm)等温吸附曲线与拟合曲线

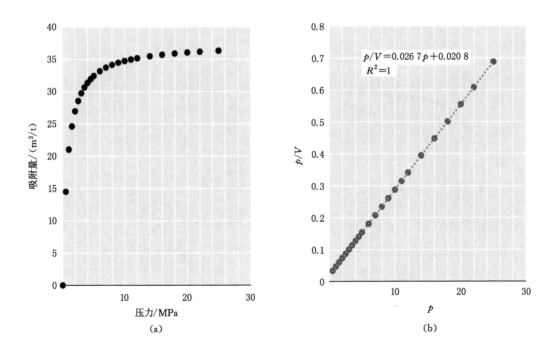

图 2-15　暗淡型煤(35～60 mm)等温吸附曲线与拟合曲线

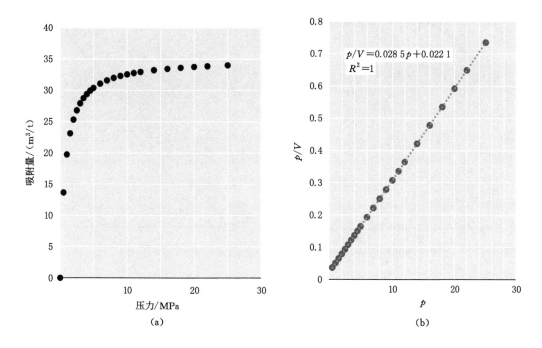

图 2-16　暗淡型煤(60～80 mm)等温吸附曲线与拟合曲线

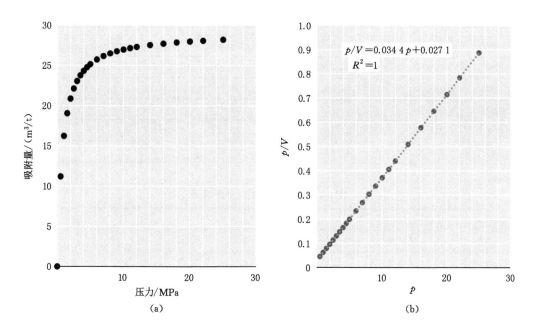

图 2-17　构造煤(35～60 mm)等温吸附曲线(30 ℃)与拟合曲线

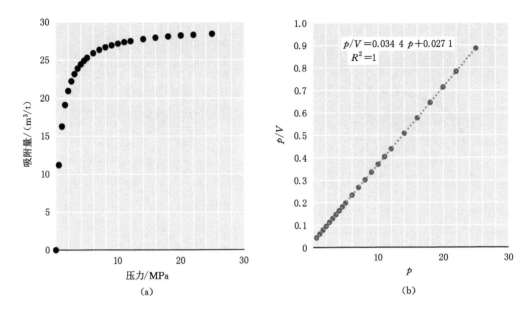

图 2-18　构造煤(60～80 mm)等温吸附曲线与拟合曲线

由式(2-9)可知 p/V 与 p 呈线性关系,则通过式(2-9)可以得到相应的吸附参数,具体结果如表 2-6 所示。原生结构煤与构造煤的工业分析结果见表 2-7。

表 2-6　古汉山矿二₁煤吸附常数

表 2-6　古汉山矿二$_1$煤吸附常数

煤岩类型	粒度/mm	吸附常数 $a/(\mathrm{m}^3/\mathrm{m}^3)$	吸附常数 $a/(\mathrm{m}^3/\mathrm{t})$	吸附常数 b/Pa^{-1}	吸附常数 b/MPa^{-1}
光亮型煤	35～60	56.315 7	38.31	1.14×10^6	1.14
光亮型煤	60～80	56.315 7	38.31	1.14×10^6	1.14
暗淡型煤	35～60	55.051 5	37.45	1.28×10^6	1.28
暗淡型煤	60～80	51.567 6	35.08	1.30×10^6	1.30
构造煤	35～60	43.605 0	29.06	1.27×10^6	1.27
构造煤	60～80	43.605 0	29.06	1.27×10^6	1.27

表 2-7　样品煤质工业分析结果

类　型	工业分析				$\rho_{tr}/(\mathrm{t}/\mathrm{m}^3)$	$\rho_{ap}/(\mathrm{t}/\mathrm{m}^3)$
	$M_{ad}/\%$	$A_{ad}/\%$	$V_{daf}/\%$	$F_{Cd}/\%$		
原生结构煤	2.50	5.41	5.62	88.97	1.47	1.40
构造煤	2.92	7.11	5.93	86.96	1.50	1.43

注:M_{ad}—煤水分质量分数,%;A_{ad}—空气干燥基灰分的质量分数,%;V_{daf}—干燥无灰基挥发分的质量分数,%;ρ_{tr}—真密度,t/m^3;ρ_{ap}—视密度,t/m^3。

2.2.2　实验结果分析

本次测定表明,古汉山矿二₁煤吸附性能较强,吸附常数 a 在 $29.06\sim38.31$ m^3/t 之间,吸附常数 b 在 $1.14\sim1.30$ MPa^{-1} 之间。随着粒度的变化,光亮型煤和构造煤的吸附常数不发生变化,但暗淡型煤随着粒度的减小,吸附常数 a 减小,吸附常数 b 增大。由于吸附常数 a 主要与煤的比表面积有关,一定范围内随着粒度的减小,吸附常数应不会发生较大的变化,暗淡煤吸附常数发生变化可能是设备误差造成的。一般认为构造煤的吸附性能要比原生结构煤的大,但本次测定的构造煤吸附常数比原生结构煤要小,由表 2-7 可知,构造煤的灰分要比原生结构煤大,而灰分是不具有吸附性的,因此,灰分相对较大可能是本次测定的构造煤吸附常数相对原生结构煤小的原因。

2.3 煤的瓦斯瞬时扩散模型及解析解

2.3.1 菲克扩散

煤基质孔隙尺寸相对常规油气储层中的孔隙较小,瓦斯在煤中运移与气体在裂隙中运移存在较大差异。如果仍然用达西定律对瓦斯在纳米级孔隙中运移进行描述,将会存在较大差异。尽管瓦斯在煤基质中的运移用何种规律进行描述还存在争议,但是大多学者认为瓦斯在煤基质中运移符合扩散定律。菲克扩散定律被提出并用于描述瓦斯在基质孔隙中运移。在浓度差作用下,瓦斯便从浓度高的区域向浓度低的区域扩散,当浓度达到平衡时扩散停止,如图 2-19 所示。菲克定律分为第一菲克定律和第二菲克定律。当基质内的气体浓度不随坐标变化时,即每个时间点内不同基质点的浓度相等,称为拟稳态扩散,可用菲克第一定律描述;当基质内气体浓度随时间和空间同时变化时,称为非稳态扩散,可用菲克第二定律描述。

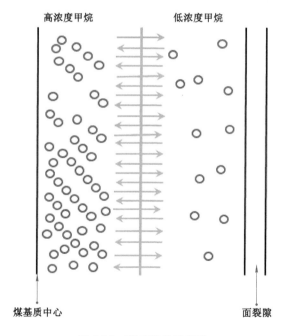

图 2-19 菲克扩散示意图

(1)拟稳态扩散

当基质中瓦斯浓度随时间变化率与基质气体浓度差成正比时为拟稳态扩散,表达式为[192]：

$$\frac{dc}{dt} = D\sigma_s(c_f - c_i) \tag{2-10}$$

式中　c——煤基质内瓦斯气体浓度，m^3/m^3；

　　　t——时间，s；

　　　D——扩散系数，m^2/s；

　　　σ_s——形状系数，m^{-2}；

　　　c_i——煤基质中瓦斯的平均浓度，m^3/m^3；

　　　c_f——煤基质与裂隙边界上的动态平衡瓦斯浓度，m^3/m^3。

Warren 等[105]对式(2-10)中不同形状基质岩块所对应的形状因子和几何因子的取值进行了研究，具体取值标准见表 2-8。

则在体积为 V_b 的煤层中，从煤基质到裂隙中的瓦斯扩散质量流量可以由如下的方程描述：

$$q_m = \sigma_g V_b \frac{dc}{dt} \tag{2-11}$$

式中　q_m——扩散量，m^3/s；

　　　σ_g——几何因子，由基质形状决定，无量纲；

　　　V_b——煤层研究的特征单元体积，m^3。

表 2-8　基质岩块形状因子和几何因子

基质形状	示意图	特征长度	几何因子 σ_g	形状因子 σ_s
正方体		厚度，$2h$	2	$\left(\dfrac{\pi}{2h}\right)^2$
圆柱体		圆柱体半径，R	4	$\dfrac{5.783\,2}{R^2}$
球体		球体半径，R	6	$\left(\dfrac{\pi}{R}\right)^2$

（2）瓦斯的非稳态扩散

在实际情况下，瓦斯从基质体向外扩散为拟稳态的情形在煤层运移过程中几乎不会存在，这只是为了研究方便进行的一种假定。对于煤基质中的气体向外扩散应当更符合非稳态扩散。但是由于实际基质体和微裂隙都是不规则的，因此想要完全按照真实形状对储层进行描述将会增加很多工作量，而且在实际应用过程中也是完全没有必要的。对于非稳态扩散往往假定基质体为各种简单的形状，例如块状、柱状、球状等（如图 2-20 所示）。

研究表明[6,47]，当煤粒尺度大到一定粒径后，煤粒进一步增大，则煤粒的扩散特性趋于相同，因此把这一煤粒粒度称为煤粒的极限粒度。不同煤层的极限粒度是不同的，煤层受

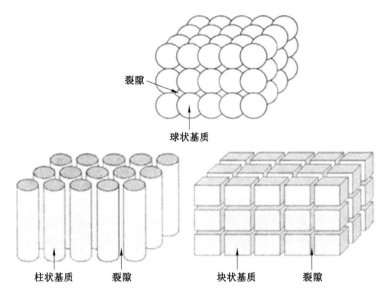

图 2-20   含有不同形状基质的双重孔隙模型

构造挤压剪切,形成高分散相,煤层受到的揉搓越强烈,其极限粒度越小。一些实测的煤层极限粒度见表 2-9。结合前人的研究成果和下一步研究的需要,本书将煤基质简化成球形煤粒,球的半径为煤的极限粒度 R,每个煤粒又由许多更小的有机质煤粒构成,瓦斯在基质内的运移方式以扩散为主(如图 2-21 所示)。因此,对于这样的模型,可以采用菲克第二定律描述气体从基质体内向微裂隙或宏孔隙中的扩散。

表 2-9   一些实测的煤层极限粒度[8]

矿井	煤层	坚固性系数 f	极限粒度/mm
抚顺龙凤矿	5 分层	1.05	2.3
阳泉一矿	3 煤	0.42	5.4
北票三宝矿	9 层	0.12	0.8
湖南里王庙矿	6 煤	0.20	0.9

假设煤基质中瓦斯浓度呈球对称分布,另外,假设煤基质中心处瓦斯浓度变化率为零,并且煤基质的外表面气体浓度与裂隙中的游离气体压力处于动态平衡,则可以得到如下描述基质中浓度变化规律的方程组:

$$\frac{\partial c}{\partial t} = \frac{1}{r^2}\frac{\partial}{\partial r}\left(Dr^2\frac{\partial c}{\partial r}\right) \tag{2-12}$$

初始条件:

$$c\big|_{t=0} = c_i(p_i) \tag{2-13}$$

中心边界条件:

$$\frac{\partial c}{\partial r}\bigg|_{r=0} = 0 \tag{2-14}$$

外边界条件:

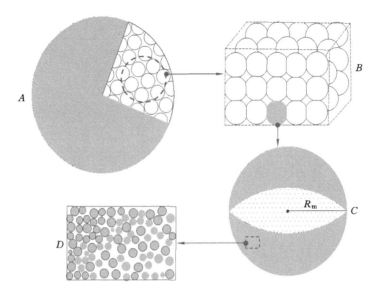

图 2-21　煤层非稳态菲克扩散示意图

$$c\,|_{\,r=R} = c_f(p_f) \qquad (2\text{-}15)$$

式中　　r——基质单元内径向坐标，m；

　　　　p_i——煤基质原始瓦斯压力，Pa；

　　　　p_f——煤基质与裂隙系统的动态平衡压力，Pa。

　　对以上模型进行求解，便可得煤基质内瓦斯浓度分布规律。然后在煤基质与裂隙交界处应用菲克第一定律，便得到由煤基质向裂隙系统扩散的瓦斯量。在最初的状态下，煤基质表面的吸附瓦斯与裂隙中的游离瓦斯是处于动态平衡的。当煤基质表面的环境发生变化时，其表浓度或压力降低，吸附瓦斯会瞬时转变成游离态的瓦斯，同时煤基质内部的瓦斯会解吸出来，直到形成新的平衡。因此，当裂隙中的压力下降时，裂隙相接触的煤基质表面的瓦斯会迅速补充到裂隙中，所以煤基质中的瓦斯压力与裂隙系统的压力也是一个动态平衡的过程。通过以上分析可以得出，当裂隙中的压力 p_f 有所下降时，煤基质中的瓦斯会迅速补充，因此一般情况下 p_f 变化幅度不大，外边界条件 c_f 接近于常数。当 $p_f=0.1$ MPa 时，式(2-12)至式(2-15)为描述煤粒瓦斯扩散过程的方程，由此可见煤粒瓦斯扩散方程是煤基质扩散方程的一种特殊情况。

　　在煤粒瓦斯扩散研究方面，学者们已取得丰硕的成果。研究表明[27-32]，当将瓦斯扩散系数视为常数时，得到煤粒瓦斯扩散量不能较为准确描述煤粒瓦斯扩散的全过程，计算值与实测值误差极大。因此，推测经典扩散方程也不能较好描述煤基质中瓦斯的扩散过程。最近瓦斯扩散研究成果表明，瓦斯扩散过程中扩散系数不是传统认为的常数，而是和时间相关的瞬时变量，引入瞬时扩散系数后的瓦斯扩散模型解与实测值拟合精度较高，并且形式简单，相关参数较少。但是扩散系数与时间符合何种关系目前还不明确，并且瞬时扩散系数相关的参数如何确定没有科学统一的方法。瞬时扩散方程里的参数只能通过数值方法反算得到，计算过程较为复杂。这给瞬时扩散系数模型的应用和推广带来了困难。本章将依据相似理论构建瓦斯扩散系数的计算方法，在此基础上建立瓦斯瞬时扩散模型、求取相应的解析解，并将其应用到煤基质的扩散过程描述中，以期能够更好地描述瓦斯在煤基质中的扩散过程。

2.3.2 煤的扩散实验

本章在下一小节将建立瓦斯瞬时扩散模型并得到其解析解,通过上一小节的分析可知,煤粒瓦斯扩散方程是煤基质扩散方程的一种特殊情况。为了使实验可操作并符合煤基质简化的理想模型,用 $p_f=0.1$ MPa 这一特殊条件下的煤基质的扩散过程(即煤粒瓦斯扩散过程)来检验瞬时扩散模型的可靠性。实验的目的是测定数据,为下一小节验证瞬时扩散模型的准确性做准备。本小节用体积法测定煤粒的扩散规律,测定系统和测定装置如下所述。

(1)瓦斯扩散测定系统

煤粒瓦斯的扩散装置主要由吸附系统、恒温系统、抽真空系统、充气系统、瓦斯扩散测定系统及连通管路和阀门组成,如图 2-22 所示。

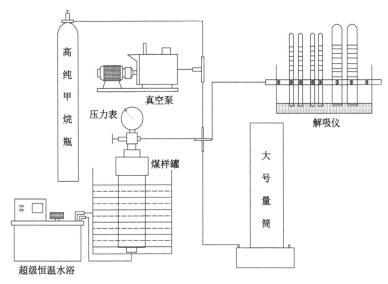

图 2-22　瓦斯扩散测定系统

① 吸附系统:主要由煤样罐及其压力表组成,煤样罐材质为不锈钢,壁厚 10 cm,体积 150 cm³,耐压 10 MPa,罐体内由高压垫圈进行密封。精密压力表为 YB-150ZT 精密压力表,量程为 0～16 MPa,精度为 0.25 级,最小刻度为 0.1 MPa,厂家为中国红旗仪表有限公司。截止阀出口长度为 10 mm。

② 恒温系统:为高精度超级恒温水浴。型号为 HH-601 型。内胆的尺寸参数为 400 mm×300 mm×180 mm。其加热功率为 1 000 W。其水泵流速不小于 4 L/min,功率为 40 W。恒温波动不大于 0.1 ℃,温度范围为 5 ℃(脱落,压实、脱水作用在该阶段影响较弱)至 95 ℃。实验过程中,水箱采用水泵作为循环动力,使水温保持恒定。该装置的特点为水温均匀,水温波动小。

③ 抽真空系统:包括真空泵和真空计。真空泵:2XZ-1 型旋片式真空泵(上海真空泵厂生产),电机功率为 0.25 kW;工作电压为 220 V;真空泵抽气速率为 1 L/s;转速为 1 400 r/min;进气口直径为 5 mm。真空计:ZDZ-52 型,极限真空为 6.7×10⁻² Pa。系统基本参数:测量范围为 1.0×10⁵～1.0×10⁻¹ Pa;控制范围为 1.0×10⁵～1.0×10⁻¹ Pa;控制

精度为±1％;负载为 AC 220V/3A 无感负载;响应时间不大于 1 s。

④ 充气系统:由高纯甲烷气体钢瓶(气体浓度为99.9％、气体压力为13 MPa)和充气连接管路组成。

⑤ 瓦斯扩散测定系统:由大解吸量筒和一组解吸管组成。大口径解吸量筒高 100 cm,直径 31 cm,体积 60 L;解吸量筒可分为直径 100 mm、高度 500 mm、测量范围 1 000 mL、标定范围 4 mL 和直径 50 mm、高度 500 mm、测量范围 500 mL、标定范围 2 mL 两种。使用截止阀进行大口径解吸量筒间的切换,并且将玻璃三通用于不同量筒间切换。为了保证测量数据的准确性,在实验中根据不同的需要采用不同的测量管。

(2)实验方法

实验采用体积法,用煤粒进行测试,按标准筛获取粒径为 0.25～0.5 mm 的样品,在105 ℃条件下烘干 2 h 备用。实验设备采用自主研发的煤粒瓦斯扩散测定系统。该系统能够测定恒温、不同压力条件下扩散瓦斯量,具体的步骤如下:约 250 g 煤样称重后放入测量系统的煤样罐中。对煤样管进行气密性测试后,真空抽吸 24 h,将高纯度 CH_4(99.99％)填充到预设压力下,进行吸附平衡。如果气体压力计在 4 h 内的变化小于 0.05 MPa,则认为气体吸附达到平衡。在测量扩散量时先放空瓦斯,当瓦斯压力表指针为 0 时,测量瓦斯累计扩散量。

(3)实验结果

① 古汉山矿实验结果如图 2-23 和图 2-24 所示。

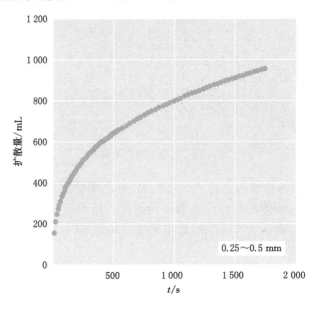

图 2-23　古汉山矿煤粒瓦斯扩散量(0.5 MPa)

② 其他矿实验结果如图 2-25 和图 2-26 所示。

2.3.3　煤的瓦斯瞬时模型建立与求解

由上一小节的分析可知,经典的瓦斯扩散方程不能较好描述煤基质和煤粒的瓦斯扩散过程,因此本小节结合瓦斯扩散研究的新进展,建立能够较好描述煤基质和煤粒的瓦斯瞬时扩散模型。由于煤基质和裂隙中的压力处于动态平衡过程,难以用实验进行模拟,但煤

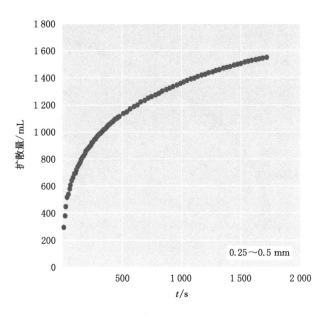

图 2-24 古汉山矿煤粒瓦斯扩散量(1.5 MPa)

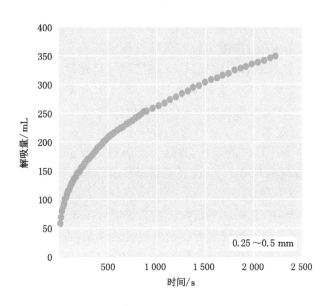

图 2-25 平煤八矿瓦斯解吸量(0.5 MPa)

粒的扩散是煤基质的一种特殊情况,因此结合煤粒扩散的实验和研究成果,首先提出了瞬时扩散系数的计算方法,确定瞬时扩散系数符合何种函数形式,接着利用瞬时扩散系数的函数关系式与菲克第二定律,建立描述煤基质瓦斯扩散方程,并根据分离变量法得到 $\frac{\partial c}{\partial r}$,结合菲克第一定律便可得到煤基质向裂隙系统的扩散量,同时为了验证建立的瞬时扩散方程的可靠性,进一步得到了煤粒瓦斯扩散量解析解,与煤粒瓦斯扩散实验结果对比验证了瞬时扩散模型的可靠性。在此基础上分析了煤瓦斯的扩散机制。

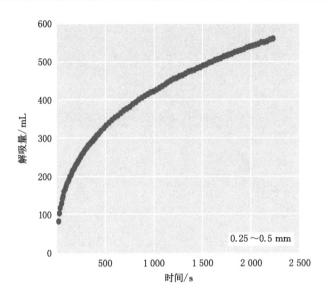

图 2-26　平煤八矿瓦斯解吸量(1.5 MPa)

（1）基于相似理论的扩散系数计算方法

瓦斯在煤体中的流动可以分为解吸、扩散、渗流三种过程,扩散作用在煤中瓦斯运移的过程中,尤其是瓦斯从煤基质向裂隙系统的运移过程中起着至关重要的作用,而表征瓦斯扩散能力的物理量便是扩散系数。因此,准确测定和计算瓦斯扩散系数,对深入理解瓦斯在煤层中的运移过程,以及了解瓦斯的解吸过程、煤与瓦斯突出的机理,准确测定瓦斯含量,进而保证煤矿安全生产具有重要的意义。瓦斯的扩散过程一般认为可用菲克扩散定律来描述,学者们基于菲克定律得出了各种边界条件下的解析解[15-17],在解析解的基础上,一些学者[40-41]只取第一项来计算扩散系数,并认为能满足工程精度。聂百胜等[42]、Charrière等[43]在扩散方程拉氏变换解的基础上,通过忽略误差函数和扩散系数的一次项来计算扩散系数。

根据以上分析可以看出,瓦斯扩散系数计算都是建立在通过简化公式基础上进行计算的,不免会产生误差。但是由于解析解中存在多项级数求和,直接解出扩散系数较为困难。鉴于此,为了消除因多项级数简化而造成的误差,并使瓦斯扩散系数计算方法简便、计算结果准确,根据扩散方程和相似理论导出无量纲相似准数,并将实验参数与无量纲相似准数联系起来,测定并计算瓦斯扩散系数。

① 计算原理

瓦斯从煤粒中的涌出过程可以看作气体在多孔介质中的扩散,其涌出规律符合菲克扩散定律。假设:a. 煤粒为球形;b. 瓦斯流动遵循质量守恒和连续性原理。则可得到球坐标系下的扩散第二定律:

$$\frac{\partial c}{\partial t} = D\left(\frac{\partial^2 c}{\partial r^2} + \frac{2}{r}\frac{\partial c}{\partial r}\right) \tag{2-16}$$

式(2-16)在第一类边界条件下的解析解为:

$$\frac{Q_t}{Q_\infty} = 1 - \frac{6}{\pi^2}\sum_{n=1}^{\infty}\frac{1}{n^2}e^{-n^2\frac{\pi^2 D}{r^2}t} \tag{2-17}$$

由于式(2-17)存在无穷级数求和,不能直接解出扩散系数。为简单、准确地计算煤粒瓦斯扩散系数,将相似理论引入扩散系数计算。

设 A、B 两扩散现象相似,根据相似理论第二定理,采用方程方法可以直接从微分方程式(2-16)中导出相似准数,方法如下:

设 A 扩散现象的表示参数为 C'、t'、D'、r',设 B 扩散现象的表示参数为 C''、t''、D''、r'',将 A、B 扩散现象的表示参数代入式(2-16)得:

$$\frac{\partial c'}{\partial t'} = D'\left(\frac{\partial^2 c'}{\partial r'^2} + \frac{2}{r'}\frac{\partial c'}{\partial r'}\right) \tag{2-18}$$

$$\frac{\partial c''}{\partial t''} = D''\left(\frac{\partial^2 c''}{\partial r''^2} + \frac{2}{r''}\frac{\partial c''}{\partial r''}\right) \tag{2-19}$$

依据相似理论,可得到相似常数:

$$\frac{c'}{c''} = C_c,\ \frac{t'}{t''} = C_t,\ \frac{D'}{D''} = C_d,\ \frac{r'}{r''} = C_r \tag{2-20}$$

其中:C_c、C_t、C_d 和 C_r 是相似常数。把式(2-20)代入式(2-19)得:

$$\frac{\partial c''}{\partial t''} = \frac{C_t C_d}{C_r^2}D''\left(\frac{\partial^2 c''}{\partial r''^2} + \frac{2}{r''}\frac{\partial c''}{\partial r''}\right) \tag{2-21}$$

对比式(2-21)和式(2-20)可得:

$$\frac{C_t C_d}{C_r^2} = 1 \tag{2-22}$$

将式(2-20)代入式(2-22)得:

$$\frac{D't'}{r'^2} = \frac{D''t''}{r''^2} = K_0 \ 或 \ K_0 = \frac{Dt}{r^2} \tag{2-23}$$

其中:K_0 是扩散相似准则,类似于传热学中的傅里叶准则和瓦斯流动理论中的时间准则,这里提到的"不变量"并非"常量",就是说相似准则这一综合数群只有在相似现象的对应点和对应时刻上才有数值。K_0 反映扩散能力与扩散时间和煤粒内部扩散空间的关系。在 K_0 相同的条件下扩散能力越强,相同时间扩散空间范围越广。另外,通过对比可以发现,K_0 和 Q_t/Q_∞ 存在一一对应的关系。给定足够的参数(D,r,t)并代入式(2-17),K_0 和 Q_t/Q_∞ 的离散关系便可以得到,同时利用曲线回归便可以得到 K_0 和 Q_t/Q_∞ 的回归关系。参数(D,r,t)的大小并不能影响 K_0 和 Q_t/Q_∞ 的一一对应关系。这是因为 K_0 是不变量,即在 A 现象中 K_0 值一定可在 B 现象中找到,如图 2-27 所示。所以只要给定足够参数,K_0 和 Q_t/Q_∞ 的回归关系便可得到。

因此给定 $r=0.1$ mm,$n=100$,$D=1\times10^{-11}$ m²/s,利用 MATLAB 软件可从式(2-17)中计算出 $\ln K_0$ 随 $\ln(Q_t/Q_\infty)$ 的变化规律,如图 2-28 所示,$\ln K_0$ 与 $\ln(Q_t/Q_\infty)$ 回归关系如式(2-24)所示。

$$\ln K_0 = 0.22\ln(Q_t/Q_\infty)^2 + 2.79\ln(Q_t/Q_\infty) - 1.64 \tag{2-24}$$

由相似理论可知,相似准数这一综合数群在相似现象的对应点和对应时刻上数值相等,即相似准数 K 是不变量。因此,通过实验室实验可测得解吸率 Q_t/Q_∞,则待求扩散系数为:

$$D_d = \frac{r_d^2}{t_d}e^{[0.22\ln(Q_t/Q_\infty)^2 + 2.79\ln(Q_t/Q_\infty) - 1.64]} \tag{2-25}$$

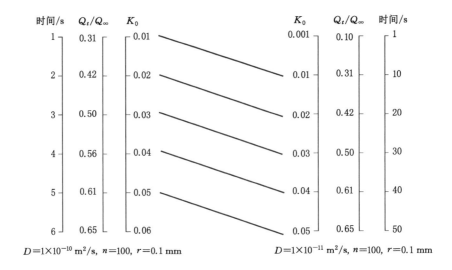

图 2-27　K_0 和 Q_t/Q_∞ 的一一对应关系

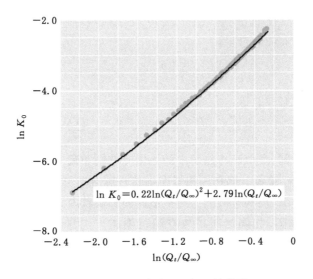

图 2-28　$\ln K_0$ 与 $\ln(Q_t/Q_\infty)$ 的关系

式中　r_d,t_d——待求煤粒或煤基质的平均半径和解吸时间。

将这种计算扩散系数的方法命名为相似准数法。对煤粒来说,为分析瓦斯扩散系数随时间的变化规律,采用实验的方法测定了扩散率 Q_t/Q_∞,极限瓦斯解吸量 Q_∞ 可以用朗缪尔方程表示为:

$$Q_\infty = \left(\frac{abp}{1+bp} - \frac{0.1ab}{1+0.1b} \right) \frac{1}{1+0.31M_\mathrm{ad}} \frac{100 - A_\mathrm{ad} - M_\mathrm{ad}}{100} \tag{2-26}$$

式中　a,b——吸附常数;

　　　p——突出煤层的瓦斯压力,MPa;

　　　M_ad——水分质量分数,%;

　　　A_ad——灰分质量分数,%。

② 瞬时扩散系数计算与讨论

根据上一小节测定的不同时刻的瓦斯解吸量和相应煤样的瓦斯基本参数,计算了古汉山矿二$_1$煤的瞬时扩散系数,如图 2-29 所示。由图 2-29 可以看出,瓦斯扩散系数不是定值而是随时间而变化的,并且在煤的放散初期扩散系数呈迅速递减趋势,随着时间的延长扩散系数缓慢降低趋于定值。由图 2-29 还可以看出扩散系数随时间的变化是呈幂函数递减的,用公式可以表示为:

$$D(t) = D_0 (1+t)^{-\alpha} \tag{2-27}$$

式中　$D(t)$——瞬时扩散系数,m^2/s;

　　　D_0——$t=0$ 时初始扩散系数,m^2/s;

　　　α——瞬时扩散系数的衰减系数,$0<\alpha<1$;

　　　t——时间,s。

尽管大部分学者在计算扩散系数时将扩散系数视为常量,但是从文献[18]的图 2 中可以明显看出,在扩散初期 $\ln[1-(Q_t/Q_\infty)]$ 或 $\ln[1-(Q_t/Q_\infty)^2]$ 与时间 t 并不呈直线关系,也就是说在初期扩散系数 D 并不是常数。文献[29]、[31]也证明了瓦斯扩散系数具有时效性。文献[29]通过数据拟合认为扩散系数随时间的变化符合以时间 t 为底的负幂函数,文献[31]认为扩散系数随时间变化符合以 e 为底的负指数关系。由图 2-25 可知,本书所得到的扩散系数随时间的变化关系与文献[29]的相同。

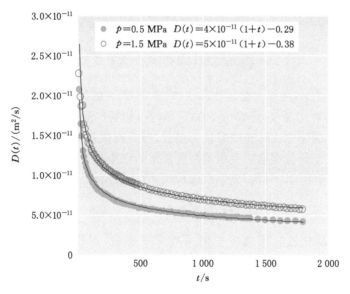

图 2-29　不同瓦斯压力条件下的瞬时扩散系数

为了验证相似准数法的准确性和可靠性,下面对比不同条件下相似准数法与其他方法的计算结果。如果将扩散系数看作常数,且令式(2-17)中的 n 取值为 1,则可以得到:

$$\ln(1-Q_t/Q_\infty) = st + \ln\frac{6}{\pi^2} \tag{2-28}$$

式中　$s = -\dfrac{\pi^2 D_c}{r_0^2}$,$\ln[1-(Q_t/Q_\infty)]$ 与 t 的关系见图 2-30,根据斜率可以计算出:当瓦斯压力为 0.5 MPa 时,常扩散系数 $D_c = 5.71 \times 10^{-12}$,当瓦斯压力为 1.5 MPa 时 $D_c = 7.13 \times$

10^{-12}。对比图 2-29 可以看出,由式(2-28)计算出的常扩散系数与相似准数法中后期的计算结果较为接近,但是不能代表初期的瓦斯扩散系数。由图 2-30 可以看出,$\ln[1-(Q_t/Q_\infty)]$ 与 t 的关系并不是直线而是斜率逐渐减小的曲线,尤其初期斜率迅速减小,相应的扩散系数也是先减小后趋于稳定的,这和图 2-29 中曲线的趋势是相同的,这也证明了相似准数法的准确性。如果将扩散系数看成变量,且将式(2-18)中的 n 取值定为 1,则扩散系数 D 为:

$$D = \frac{r^2}{\pi^2 t}\ln\left[\frac{\pi^2}{6}\left(1-Q_t/Q_\infty\right)\right] \tag{2-29}$$

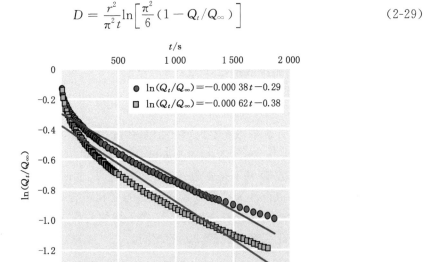

图 2-30　常扩散系数时简化方法计算扩散系数结果

在 0.5 MPa 条件下,用相似准数法和式(2-29)所代表的简化方法计算的煤的瓦斯扩散系数见图 2-31,通过对比发现,用式(2-29)进行计算,初期扩散系数明显会偏大,随着时间的延长,相似准数法和简化方法计算结果较为接近,但是到后期简化方法计算值会出现负数,从而不可用,相比之下相似准数法克服了简化带来的误差并且整个解吸过程中都可用。

当 t 较小时(一般在 600 s 内),式(2-17)可以简化为:

$$Q_t/Q_\infty = 6\left(\frac{Dt}{\pi r^2}\right)^{\frac{1}{2}} \tag{2-30}$$

该式称为拉式简化法。同理将扩散系数看成变量,用相似准数法和拉式简化法在 0.5 MPa 条件下的计算结果如图 2-32 所示。由图 2-32 可以看出,计算结果在初期较为接近,但是随着时间的延长,相似准数法与拉式简化法之间的偏差会增大。这与式(2-30)只适合时间 t 较小这个前提较为吻合,这进一步证明相似准数法的准确性。如果将扩散系数看成常数,则式(2-30)可以化为:

$$Q_t/Q_\infty = A\sqrt{t} \tag{2-31}$$

其中:$A = 6\left(\dfrac{D_c}{\pi r^2}\right)^{\frac{1}{2}}$。当瓦斯压力为 0.5 MPa 时,$Q_t/Q_\infty$ 与 t 之间的拟合关系见图 2-33,根据斜率计算出 $D_c = 2.65\times10^{-12}$,与图 2-31 中的计算值相比较可以发现该值较小,不能代表初期瓦斯扩散能力。

由以上分析可以得出,由相似理论和扩散第二定律建立的式(2-24)能够较好地代替扩

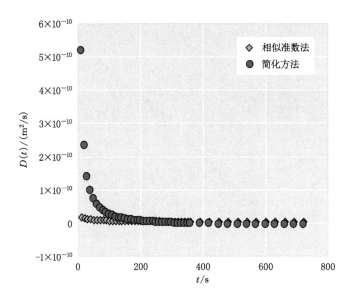

图 2-31 变扩散系数时简化方法与相似准数法测定结果对比

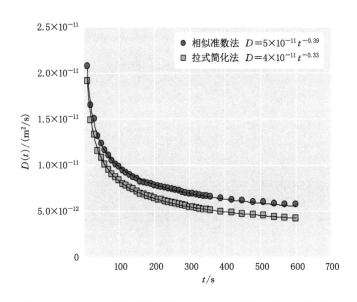

图 2-32 变扩散系数时拉式简化法与相似准数法测定结果对比

散第二定律在第一边界条件下的解。在计算瓦斯瞬时扩散系数时,避免了简化造成的误差,实现了简单、准确地计算瓦斯扩散系数。通过与其他计算瓦斯扩散系数计算方法进行对比,发现相似准数法计算瓦斯瞬时扩散系数的结果较为可靠。瓦斯瞬时扩散系数在放散初期变化越大,随着时间的延长扩散系数变化率越小,是时间的函数且可以较好地表示成幂函数形式。得到的扩散系数与时间的关系有别于目前已有的表达形式,因此有必要推导相应的扩散方程。

（2）幂函数-瞬时扩散模型的建立与求解

假设煤基质为球形,且扩散系数随时间的变化可以用式（2-27）表示。根据质量守恒原

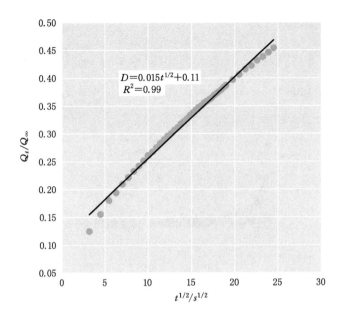

图 2-33　常扩散系数时用拉式简化法计算扩散系数结果

理建立瓦斯扩散第二定律,如式(2-32)所示。

$$\begin{cases} \dfrac{\partial c}{\partial t} = D(t)\left(\dfrac{\partial^2 c}{\partial r^2} + \dfrac{2}{r}\dfrac{\partial c}{\partial r}\right) \\[2mm] \left.\dfrac{\partial c}{\partial r}\right|_{r=0} = 0 \\[2mm] c\,|_{t=0} = c_i \\[2mm] c\,|_{r=R} = c_f \end{cases} \tag{2-32}$$

令 $c = \dfrac{T}{r}$,代入式(2-32)得:

$$\begin{cases} \dfrac{\partial T}{\partial t} = D(t)\dfrac{\partial^2 T}{\partial^2 r} \\[2mm] T\,|_{r=0} = 0 \\[2mm] T\,|_{r=R} = Rc_f \\[2mm] T\,|_{t=0} = Rc_i \end{cases} \tag{2-33}$$

式(2-33)的边界条件是非齐次。为将其齐次化,可做如下变换:

$$T = v + c_f r \tag{2-34}$$

将式(2-34)代入式(2-33)得:

$$\begin{cases} \dfrac{\partial v}{\partial t} = D(t)\dfrac{\partial^2 v}{\partial r^2} \\[2mm] v\,|_{r=0} = 0 \\[2mm] v\,|_{r=R} = 0 \\[2mm] v\,|_{t=0} = r(c_i - c_f) \end{cases} \tag{2-35}$$

分离变量法可得:

$$v = X(r)Y(t) \tag{2-36}$$

将式(2-36)代入式(2-35)得：

$$X(r)Y'(t) = D(t)''Y(t) \tag{2-37}$$

$$\frac{Y'(t)}{D(t)Y(t)} = \frac{X(r)''}{X(r)} = -\lambda \tag{2-38}$$

其中 λ 为分离常数,由此可得：

$$X(r)'' + \lambda X(r) = 0, X(0) = X(R) = 0 \tag{2-39}$$

$$Y(t)'' + \lambda D_0 (1+t)^{-\alpha} Y(t) = 0 \tag{2-40}$$

根据常微分的有关知识可知,只有当 $\lambda_n = \left(\dfrac{n\pi}{R}\right)^2$, $n = 1, 2, 3, \cdots$ 时,式(2-39)中才有非零解,即

$$X_n(r) = a_n \sin\left(\frac{n\pi}{R}r\right) \tag{2-41}$$

将 λn 代入式(2-40)得：

$$Y_n = b_n \exp\left\{-\frac{n^2\pi^2}{R^2}\left(\frac{D_0\left[(1+t)^{1-\alpha}-1\right]}{1-\alpha}\right)\right\} \tag{2-42}$$

由式(2-36)、式(2-41)、式(2-42)及其解的叠加可得到满足式(2-35)第一和第二个边界条件的解：

$$v = \sum_{n=1}^{\infty} c_n \exp\left\{-\frac{n^2\pi^2}{R^2}\left(\frac{D_0\left[(1+t)^{1-\alpha}-1\right]}{1-\alpha}\right)\right\} \times \sin\left(\frac{n\pi}{R}r\right) \tag{2-43}$$

其中 a_n、b_n 为积分常数,$c_n = a_n \times b_n$,将式(2-35)的初始条件代入式(2-43)得：

$$r(c_i - c_f) = v\big|_{t=0} = \sum_{n=1}^{\infty} C_n \sin\left(\frac{n\pi}{R}r\right) \tag{2-44}$$

式(2-44)中,c_n 可由傅里叶分解求得：

$$c_n = \frac{2}{R}\int_0^R r(c_i - c_f)\sin\left(\frac{n\pi}{R}r\right)dr = (-1)^n\frac{2R(c_f - c_i)}{n\pi} \tag{2-45}$$

则由式(2-24)、式(2-43)、式(2-45)得：

$$T = c_f r + \sum_{n=1}^{\infty} (-1)^n \frac{2R(c_f - c_i)}{n\pi} \times \exp\left\{-\frac{n^2\pi^2}{R^2}\left(\frac{D_0\left[(1+t)^{1-\alpha}-1\right]}{1-\alpha}\right)\right\}\sin\left(\frac{n\pi}{R}r\right) \tag{2-46}$$

将式(2-46)代入 $c = \dfrac{T}{r}$ 得：

$$c = (c_f - c_i)\sum_{n=1}^{\infty} \frac{(-1)^n}{n}\frac{2R}{\pi r}\exp\left\{-\frac{n^2\pi^2}{R^2}\left(\frac{D_0\left[(1+t)^{1-\alpha}-1\right]}{1-\alpha}\right)\right\}\sin\left(\frac{n\pi}{R}r\right) + c_f \tag{2-47}$$

$$\frac{\partial c}{\partial r} = (c_f - c_i)\sum_{n=1}^{\infty} (-1)^n\frac{2R}{n\pi} \times \exp\left\{-\frac{n^2\pi^2}{R^2}\left(\frac{D_0\left[(1+t)^{1-\alpha}-1\right]}{1-\alpha}\right)\right\} \times$$

$$\left[\frac{1}{r}\frac{n\pi}{R}\cos\left(\frac{n\pi}{R}r\right) - \frac{1}{r^2}\sin\left(\frac{n\pi}{R}r\right)\right] \tag{2-48}$$

$$\frac{\partial c}{\partial r}\bigg|_{r=R} = (c_f - c_i) \times \frac{2}{R}\sum_{n=1}^{\infty}\left[\exp\left(-\frac{n^2\pi^2 D_0\left[(1+t)^{1-\alpha}-1\right]}{R^2(1-\alpha)}\right)\right] \tag{2-49}$$

根据式(2-49)和菲克第一定律便可得到煤基质向裂隙系统的瓦斯扩散量。为了验证用瞬时扩散模型描述煤基质扩散的准确性与可靠性,考虑煤粒瓦斯扩散方程是煤基质扩散方

程的一种特殊情况,从而可以结合煤粒瓦斯扩散实验得到的数据验证该模型的可靠性。因此,下面推导煤粒瓦斯扩散量。

对煤粒来说,令 $Q_1 = 4\pi R^2 \int_0^t D(t)\left(\dfrac{\partial c}{\partial r}\right)_{r=R} \mathrm{d}t$;$Q_\infty$ 为 $t\to\infty$ 时极限瓦斯扩散量,其表达式为:

$$Q_\infty = \frac{4}{3}\pi R^3(c_i - c_f) \tag{2-50}$$

此时,c_f 为煤粒表面瓦斯浓度。则 0 到 t 时间段的累计瓦斯扩散量 Q_t 可以表示为:

$$\begin{aligned}
Q_t &= Q_\infty - Q_1 = \frac{4}{3}\pi R^3(c_i - c_f) - (c_i - c_f)\frac{8R^3}{\pi}\times\sum_{n=1}^{\infty}\frac{1}{n^2}\exp\left(-\frac{n^2\pi^2 D_0\left[(1+t)^{1-\alpha}-1\right]}{R^2(1-\alpha)}\right)\\
&= \frac{4}{3}\pi R^3(c_i - c_f)\left\{1 - \frac{6}{\pi^2}\times\sum_{n=1}^{\infty}\frac{1}{n^2}\exp\left(-\frac{n^2\pi^2 D_0\left[(1+t)^{1-\alpha}-1\right]}{R^2(1-\alpha)}\right)\right\}
\end{aligned} \tag{2-51}$$

将 Q_∞ 代入式(2-51)得:

$$\frac{Q_t}{Q_\infty} = 1 - \frac{6}{\pi^2}\sum_{n=1}^{\infty}\left[\frac{1}{n^2}\exp\left(-\frac{n^2\pi^2 D_0\left[(1+t)^{1-\alpha}-1\right]}{R^2(1-\alpha)}\right)\right] \tag{2-52}$$

2.3.4 煤的瓦斯瞬时扩散模型的验证与分析

式(2-52)是否可靠,主要看理论计算结果是否与实测结果相吻合。因此,将计算值与实验实测值进行了对比。其中式(2-52)参数的确定过程如下:① 通过实验测定不同时间点的扩散量 Q_t 和极限扩散量 Q_∞;② 计算 Q_t/Q_∞ 并代入式(2-27),从而得到不同时间点的扩散系数,利用 Excel 将其回归成幂函数,从而确定 D_0;③ 为减少误差,将 D_0、实测的任一 Q_t/Q_∞ 值和相应时间值代入式(2-52)反算出 α。古汉山矿二$_1$煤层无烟煤不同时间点计算值和相应实验实测值如图 2-34 所示。平煤八矿不同时间点计算值和相应实验实测值如图 2-35 所示。由图 2-34 和图 2-35 可以看出,实验室实测值有上千个点,计算值与实测值基本重合,理论计算高度地反映了实验结果。为了进一步验证瞬时扩散模型对各个煤种的适

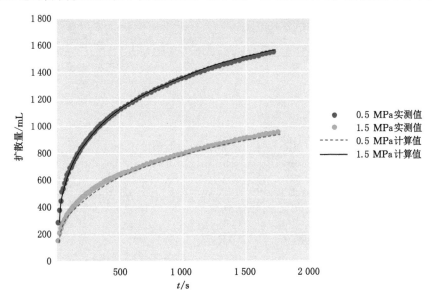

图 2-34　古汉山矿二$_1$煤层无烟煤计算值和实测值对比

用性,采用文献[32]中长焰煤的数据,用瞬时扩散模型进行数据拟合,其结果如图 2-36 所示。由图 2-36 可知瞬时扩散模型对低变质程度煤同样适用。

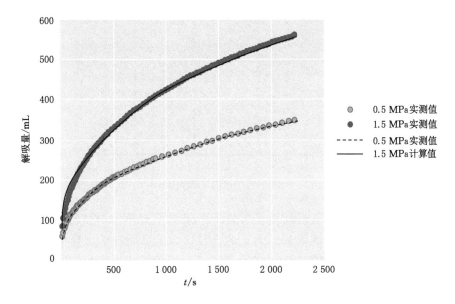

图 2-35　平煤八矿肥煤计算值和实测值对比

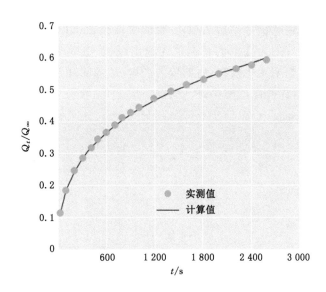

图 2-36　新疆长焰煤(数据来源于文献[120])

　　瓦斯瞬时扩散模型解与常扩散系数瓦斯扩散方程解析解相比形式相近,主要不同体现在扩散系数的瞬时性。当 $\alpha=0$ 时瓦斯瞬时扩散模型便退化成经典的瓦斯扩散方程,即扩散系数随着时间不衰减。经典的常扩散系数瓦斯扩散模型是单孔隙模型(如图 2-37 所示),即每时每刻气体通过路径的截面积是相同的,扩散系数是常数 D。

　　但是根据古汉山煤样孔隙特征液氮分析和由压汞法测定平煤八矿肥煤的孔径与孔容

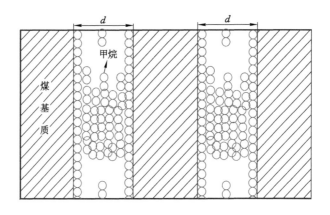

图 2-37　单孔隙模型

的关系(见图 2-38)可知,煤中孔隙的孔径是多级的,孔的直径不同,相应孔隙的截面积也不同,因此在扩散系数上表现为瞬时性。大孔的直径远大于瓦斯的平均自由程,瓦斯的运动阻力最小,扩散速度最快;而微孔的平均自由程小于瓦斯的平均自由程,扩散速度最慢。因此在煤粒中,同一半径上,与外界连通的大孔中的瓦斯最早扩散出煤粒,其次是中孔、小孔中的瓦斯,最晚涌出的是微孔中的瓦斯。瓦斯扩散场也总是从煤粒表面以最优的方式向煤粒内部的大孔、中孔、小孔和微孔波及,因此处于不同位置的瓦斯总是经过最近的阻力最小的较大孔扩散到煤粒外部。可见常扩散系数 D 已经不能体现瓦斯从复杂孔隙向煤粒外部扩散的特征,需要引入瞬时扩散系数 $D(t)$。瞬时扩散系数 $D(t)$ 随时间的延长是由大变小的,这表征处于连通性好的大孔中的瓦斯优先涌出煤粒,进而是次一级的孔隙中的瓦斯涌出煤粒;瞬时扩散系数初期变化较快,后期较为平稳,这表明瓦斯扩散场中分子向煤粒内部波及时,初期较快,随着煤孔隙的减小逐渐变慢。

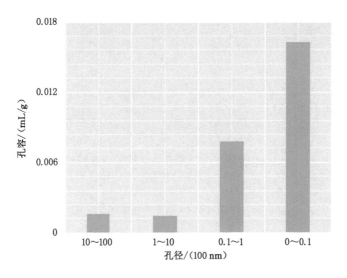

图 2-38　平煤八矿肥煤孔容分布

2.4 本章小结

本章对古汉山煤矿二₁煤的孔隙特征、吸附特征和瓦斯瞬时扩散机制进行了研究,主要得出了如下结论:

(1)根据低温液氮测定的煤体孔隙结构可以得出,煤中微孔的比表面积占总比表面积的比例较大,不同类型煤样平均孔径小于 10 nm 的孔隙的比表面积占总比表面积的 51%～69%,而孔隙体积占总体积的比例相对较小,平均孔径小于 10 nm 的孔隙体积占总孔容的 12%～21%,由此可见微孔具有较大的比表面积和相对较小的孔隙体积,微孔是煤层瓦斯的主要储存空间,但其孔隙体积较小,瓦斯在微孔中的运动规律与常规气藏不同。平均孔径大于 100 nm 的孔隙,其比表面积只占总比表面积的 2%～5%,其孔容占总孔容的 25%～33%,由此可见 100 nm 以上的孔隙存储瓦斯较少,是主要的渗透空间。煤层的孔隙尺度大小不一,煤层里的瓦斯多储存在孔隙尺度为纳米级的微孔中,纳米级孔隙里应该用扩散规律描述瓦斯的运移。

(2)古汉山矿二₁煤中的原生结构煤与构造煤表现出不同的吸附回环类型,其中原生结构煤的液氮吸附回环的特征为相对压力下降初期(0.9～1.0)解吸曲线迅速下降,之后解吸曲线变得平缓,吸附和解吸曲线不闭合。但是无烟煤形成的构造煤的吸附回环与原生结构煤不同,吸附回环与 H_2 吸附回环相似,解吸曲线出现轻微的拐点,吸附和解吸曲线大致平行,这表明:构造煤受地应力改造后孔隙连通性变好,瓦斯解吸能力明显增加。

(3)根据相似理论、扩散第二定律建立了瞬时扩散系数计算方法,得到了瞬时扩散系数与时间的关系式,瓦斯瞬时扩散系数在煤粒瓦斯放散初期变化越大,随着时间的延长扩散系数变化率越小,是时间的函数,可以较好地表示成幂函数形式:

$$D(t) = D_0 (1+t)^{-\alpha}$$

与其他煤粒瓦斯扩散系数计算方法进行对比表明,用相似准数法计算煤粒瓦斯瞬时扩散系数的结果较为可靠。

(4)假设煤基质为球形且扩散系数随时间变化,根据扩散第二定律构建了瞬时扩散模型,同时利用分离变量法得到了煤基质的浓度梯度表达式:

$$\frac{\partial c}{\partial r}\Big|_{r=d} = (c_f - c_i) \times \frac{2}{R} \sum_{n=1}^{\infty} \left[\exp\left(-\frac{n^2 \pi^2 D_0 \left[(1+t)^{1-\alpha} - 1\right]}{R^2 (1-\alpha)}\right) \right]$$

由浓度梯度公式和扩散第一定律,便可得到煤基质向裂隙系统的瓦斯扩散量。为了验证瞬时扩散模型描述煤基质扩散的准确性与可靠性,同时得到了煤粒扩散量解析表达式为:

$$\frac{Q_t}{Q_\infty} = 1 - \frac{6}{\pi^2} \sum_{n=1}^{\infty} \left[\frac{1}{n^2} \exp\left(-\frac{n^2 \pi^2 D_0 \left[(1+t)^{1-\alpha} - 1\right]}{R^2 (1-\alpha)}\right) \right]$$

对比计算数据和实验实测数据可知:计算值与实测值基本重合,理论模型能够较好地描述实际过程。瞬时扩散模型反映了煤粒在复杂孔隙条件下瓦斯扩散场由煤粒表面到煤粒内部的波及过程,处于连通性好的大孔中的瓦斯优先涌出煤粒,然后是次一级孔隙中的瓦斯涌出煤粒。

3　煤层瓦斯瞬时扩散-渗流方程构建与数值分析

本章考虑煤层瓦斯受吸附-解吸和瞬时扩散效应的影响,对煤层瓦斯基本渗流模型进行了推导。目前对瓦斯在煤基质中的运移机理仍存在争议,部分学者认为煤基质中瓦斯的流动是渗流过程,但大部分学者认为煤基质中的瓦斯运移机理以解吸和扩散为主,不存在由压差所引起的气体渗流。本书在推导煤体瓦斯基本渗流模型时采用了后者的观点,即认为瓦斯在煤基质中的运移是一个扩散过程。为了更加准确地描述瓦斯在煤基质的扩散过程,认为煤基质中瓦斯向裂隙系统运移的过程符合瞬时扩散机制,构建了相应的瓦斯在煤层中运移的瞬时扩散-渗流方程,并将方程进行了无量纲化。在此基础上结合实验室和现场条件煤渗透率计算的需要建立了相应的方程,并通过 COMSOL 软件进行了求解,分析了方程参数的影响,最后绘制了各自的渗透率计算图版,为下一步计算渗透率做好准备。此外,本书所有理论推导中的物理量都采用的是 SI 单位制,统一在该单位制下进行公式推导不会出现由于单位制不同而产生的系数,便于公式推导、分析和应用。

3.1　煤层双重介质瓦斯瞬时扩散-渗流模型构建

3.1.1　瓦斯解吸-瞬时扩散-渗流机制

煤层中裂隙和基质块的分布不均匀,存在非均质性。为简化模型,方便计算,前人在研究双重介质渗流模型时通常将基质块假设为球状、柱状、层状或立方状。从实际地质角度,通过微观观测,煤基质体和微裂隙都是不规则的,因此想要完全按照基质块的真实形状对储层进行描述会增加很多工作量,而且在工程应用过程中也是完全没有必要的。为了研究方便,又能反映出煤层的本质特征,将煤基质简化成球形,球形的半径是煤的极限粒 R,煤质内部含有大量的孔隙。将煤层简化成双重介质模型(如图 3-1 所示),即煤层由裂隙系统分割成基质块,基质块中又包含大量孔隙。而煤中的瓦斯主要储存在孔隙里,裂隙系统是煤层瓦斯主要的运移通道。瓦斯从煤基质向裂隙系统运移可以用菲克定律来描述,结合上一章的分析,将瞬时扩散引入煤基质瓦斯运移的描述中,认为煤基质向裂隙系统扩散符合瓦斯瞬时扩散规律。煤基质被裂隙分割,瓦斯在裂隙中以渗流方式运移,符合达西定律。依据以上的假设,瓦斯在煤层中的运移机制描述如下(如图 3-2 所示):

① 瓦斯压力下降,裂隙系统中游离瓦斯通过渗流运动进入钻孔或采掘空间;② 裂隙中的游离气体流出煤体到一定程度,裂隙与煤基质之间便形成瓦斯浓度差,在浓度差的作用下,煤基质孔隙中瓦斯向裂隙系统做瞬时扩散,即处于连通性好的大孔中的瓦斯优先涌出煤基质,然后是次一级的孔隙中的瓦斯向外运移,瓦斯扩散场向煤基质内部波及。③ 煤基质内浓度和压力的降低使煤基质中的吸附气发生解吸,通过瞬时扩散作用进入裂隙,然后通过渗流作用从裂隙系统进入钻孔或采掘空间。

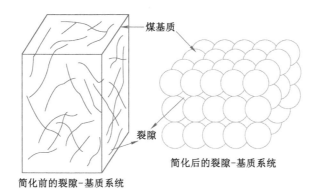

图 3-1　煤裂隙-基质系统的简化

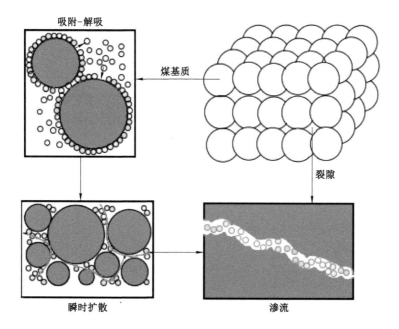

图 3-2　煤层瓦斯扩散-渗流物理模型

依据以上分析的煤层瓦斯解吸-瞬时扩散-渗流运移机制,下面进一步建立煤层双重介质瞬时扩散-渗流模型。在建立之前需要进行如下假设:

(1)煤层由煤基质和裂隙组成,且在裂隙中各个方向的渗透率是相同的(即各向同性);

(2)煤层的压缩性与气体压缩性相比可忽略不计;

(3)裂隙系统中气体为游离瓦斯,其流动遵循达西定律;

(4)基质块形状为球形,基质中瓦斯同时以吸附态和游离态两种状态存在;

(5)基质中瓦斯解吸后以非稳态瞬时扩散方式向裂隙系统流动;

(6)基质中吸附态瓦斯的解吸规律可用朗缪尔等温吸附定律描述;

(7)整个煤层在开采前处于平衡状态,吸附态和游离态瓦斯也处于动态平衡;

(8)煤层钻孔待流量稳定后,以定流量向外排出;

(9)单相气体在煤层中做等温渗流,并且忽略重力的影响。

3.1.2 煤层裂隙系统渗流微分方程

（1）瓦斯的状态方程

瓦斯在煤层中等温流动,温度等于煤体温度,游离状态瓦斯服从真实气体状态方程式,即

$$pV = NZRT \tag{3-1}$$

在等温条件下煤层瓦斯的密度:

$$\rho_g = \frac{pM}{ZRT} \tag{3-2}$$

若气层的温度变化,可得气体的等温压缩系数:

$$C_f = \frac{-\dfrac{dV}{V}}{dp} = -\frac{1}{V}\frac{dV}{dp}\bigg|_{T=C} = \frac{1}{p} - \frac{1}{Z}\frac{dZ}{dp}\bigg|_{T=C} \tag{3-3}$$

式中　C_f——气体的等温压缩系数;

　　　V——气体体积,m³;

　　　N——气体的摩尔数,mol;

　　　Z_0,Z——瓦斯压力分别为 p_0、p 时的气体压缩因子,无量纲,压缩因子的物理意义是相同条件下真实气体与理想气体的偏差程度,它是压力和温度的函数;

　　　R——气体常数,Pa・m³/(mol・K);

　　　T,T_0——温度,K;

　　　ρ_0,ρ——压力分别为 p_0、p 时的瓦斯密度,kg/m³;

　　　M——气体相对分子质量,kg/mol;

　　　p_0——一个标准大气压强,MPa。

（2）瓦斯的运动方程

瓦斯在煤层裂隙系统中的运移规律可用达西定律来描述:

$$v = -\frac{k'}{\mu}\mathrm{grad}\ p_f \tag{3-4}$$

式中　v——瓦斯流动速度,m/s;

　　　k'——煤层的渗透率,m²;

　　　μ——煤层瓦斯的动力黏度,Pa・s;

　　　p_f——裂隙系统瓦斯压力,MPa。

（3）瓦斯的连续性方程

根据质量守恒原理,可以得到煤层裂隙瓦斯流动的连续性方程:

$$\frac{\partial \rho_g \varphi}{\partial t} = -\mathrm{div}\ (\rho_g v) + \rho_{st}\frac{\partial Q_m}{\partial t} \tag{3-5}$$

式中　$\mathrm{div}(\rho_g v)$——瓦斯质量速度向量的散度,kg/(m³・s);

　　　ρ_{st}——标准状况下的瓦斯密度,kg/m³;

　　　Q_m——煤基质中瓦斯平均浓度,m³/m³;

　　　φ——裂隙系统的孔隙度。

根据式(3-1)至式(3-5)可得到煤层瓦斯流动不稳定方程:

$$\frac{kM}{RT}\frac{\partial}{\partial x}\left(\frac{p_f}{\mu Z}\frac{\partial p_f}{\partial x}\right)+\frac{kM}{RT}\frac{\partial}{\partial y}\left(\frac{p_f}{\mu Z}\frac{\partial p_f}{\partial y}\right)+\frac{kM}{RT}\frac{\partial}{\partial z}\left(\frac{p_f}{\mu Z}\frac{\partial p_f}{\partial z}\right)=\frac{M\varphi C_f}{RT}\frac{p_f}{Z}\frac{\partial p_f}{\partial t}+\frac{p_{st}M}{RT_{st}}\frac{\partial Q_m}{\partial t}$$

$$(3\text{-}6)$$

式中　k——裂隙系统的渗透率，m^2；

$\quad\quad p_{st}$——标准状况下的瓦斯压力，Pa；

$\quad\quad T_{st}$——标准状况下的温度，K。

两边消去常数 $\dfrac{M}{RT}$ 得：

$$\frac{\partial}{\partial x}\left(\frac{kp_f}{\mu Z}\frac{\partial p}{\partial x}\right)+\frac{\partial}{\partial y}\left(\frac{kp_f}{\mu Z}\frac{\partial p}{\partial y}\right)+\frac{\partial}{\partial z}\left(\frac{kp_f}{\mu Z}\frac{\partial p_f}{\partial z}\right)=\mu\varphi C_f\frac{p_f}{\mu Z}\frac{\partial p}{\partial t}+\frac{Tp_{st}}{T_{st}}\frac{\partial Q_m}{\partial t}\quad(3\text{-}7)$$

上式中气体黏度 μ 和偏差因子 Z 都是裂隙系统压力函数，为将上式线性化，引入拟压力，即

$$\varphi_f(p)=2\int_{p_1}^{p_f}\frac{p}{uZ}dp\quad(3\text{-}8)$$

式中　p_1——参考压力，Pa。

将式(3-8)代入式(3-7)得：

$$\frac{\partial^2\varphi_f}{\partial x^2}+\frac{\partial^2\varphi_f}{\partial y^2}+\frac{\partial^2\varphi_f}{\partial z^2}=\frac{\varphi\mu C_f}{k}\frac{\partial\varphi_f}{\partial t}+\frac{2Tp_{st}}{T_{st}k}\frac{\partial Q_m}{\partial t}\quad(3\text{-}9)$$

3.1.3　基质系统向裂隙系统的扩散量

在煤层中平衡状态下裂隙气体压力等于煤基质中的孔隙压力，但是对于受扰动的煤层，煤层裂隙中的压力会小于基质孔隙中的压力，因此裂隙和煤基质之间会存在气体的交换。交换量的大小可以用扩散方程来表示。根据上一章的分析，为了更好地描述煤的扩散过程，首先采用非稳态瓦斯瞬时扩散方程得到煤基质表面的浓度梯度，然后利用菲克第一定律得到煤基质向裂隙系统的扩散量，并用瞬时扩散系数代替常扩散系数。根据煤基质球形假设，煤基质中瓦斯浓度随时间的变化与基质表面的浓度梯度符合下式：

$$\frac{\partial Q_m}{\partial t}=\frac{3D(t)}{R}\frac{\partial c}{\partial r}\Big|_{r=R}\quad(3\text{-}10)$$

由 2.3.3 小节的公式推导可知，$\dfrac{\partial c}{\partial r}\big|_{r=R}$ 的解析解如式(2-49)所示。由于其中的级数求和较为复杂，因此将其中含有级数求和的部分拟合成幂函数形式，则式(2-49)可转换为：

$$\frac{\partial c}{\partial r}\Big|_{r=R}=(c_f-c_i)\frac{2}{R}\times E(1+t)^{-F}\quad(3\text{-}11)$$

相应的式(3-10)可以写成：

$$\frac{\partial Q_m}{\partial t}=D(t)(c_f-c_i)\frac{6}{R^2}\times E(1+t)^{-F}\quad(3\text{-}12)$$

由式(2-27)可知 $D(t)=D_0(1+t)^{-\alpha}$，则(3-12)可以转换为：

$$\frac{\partial Q_m}{\partial t}=D_0(c_f-c_i)\frac{6}{R^2}\times E(1+t)^{-(F+\alpha)}\quad(3\text{-}13)$$

其中 E 和 F 是常数，其值可由如下方法求得：将具体的参数 D_0,R,n,t 代入式(2-49)中的级数求和部分，然后用 MATLAB 计算出不同时刻级数求和部分的值，并采用回归的方法得到级数求和部分的替代表达式，即 $E(1+t)^{-F}$。根据朗缪尔方程求出：

$$c_f - c_i = -\left(\frac{abp_i}{1+bp_i} - \frac{abp_f}{1+bp_f}\right) = -\frac{ab(p_i - p_f)}{(1+bp_i)(1+bp_f)} \tag{3-14}$$

从 $c_f - c_i$ 的定义式可以看出，$c_f - c_i$ 为一与瓦斯压力有关的变量，但为简化计算，将 $c_f - c_i$ 在所讨论的压力范围内设定为常数，且等于它在煤层初始状态下的值。则转化成拟压力的形式为：

$$c_f - c_i = -\frac{ab}{(1+bp_i)^2}\frac{\mu_i Z_i}{2p_i}(\varphi_i - \varphi_f) \tag{3-15}$$

$$\frac{\partial Q_m}{\partial t} = -\frac{6D_0}{R^2} \times E(1+t)^{-(F+a)}\frac{ab}{(1+bp_i)^2}\frac{\mu_i Z_i}{2p_i}(\varphi_i - \varphi_f) \tag{3-16}$$

式中　φ_i——煤层原始的压力 p_i 所对应的拟压力，Pa/s；

　　　φ_f——裂隙系统的压力 p_f 所对应的拟压力，Pa/s。

3.1.4 煤层双重介质综合方程

将式(3-16)代入式(3-9)可得到煤层双重介质综合方程：

$$\frac{\partial^2 \varphi_f}{\partial x^2} + \frac{\partial^2 \varphi_f}{\partial y^2} + \frac{\partial^2 \varphi_f}{\partial z^2} = \frac{\varphi\mu C_f}{k}\frac{\partial \varphi_f}{\partial t} - \frac{2Tp_{st}}{T_{st}k}\frac{6D_0}{R^2} \times E(1+t)^{-(F+a)}\frac{ab}{(1+bp_i)^2}\frac{\mu_i Z_i}{2p_i}(\varphi_i - \varphi_f) \tag{3-17}$$

为了使方程更有代表性和普遍性并简化计算，首先对式(3-15)进行无量纲化处理：

$$-\frac{ab}{(1+bp_i)^2}\frac{\mu_i Z_i}{2p_i}(\varphi_i - \varphi_f) = -\frac{p_{st}q_{st}T}{\pi kh T_{st}}\frac{ab}{(1+bp_i)^2}\frac{\mu_i Z_i}{2p_i}\varphi_{fD} \tag{3-18}$$

同理对式(3-17)其他部分进行无量纲化：

$$\frac{\partial^2 \varphi_{fD}}{\partial^2 x_D} + \frac{\partial^2 \varphi_{fD}}{\partial^2 y_D} + \frac{\partial^2 \varphi_{fD}}{\partial^2 z_D} = \frac{\partial \varphi_{fD}}{\partial t_D} + \frac{6Tp_{st}}{T_{st}k}\frac{D_0 L^2}{R^2} \times E\left(1 + \frac{\mu\varphi C_f L^2}{k}t_D\right)^{-(F+a)} \times$$
$$\frac{ab}{(1+bp_i)^2}\frac{\mu_i Z_i}{p_i}\varphi_{fD} \tag{3-19}$$

令：
$$\eta = \frac{6ETp_{st}}{T_{st}k}\frac{D_0 L^2}{R^2}\frac{ab}{(1+bp_i)^2}\frac{\mu_i Z_i}{p_i}, \omega = \frac{\mu\varphi C_f L^2}{k}$$

则式(3-19)可写成：

$$\frac{\partial^2 \varphi_{fD}}{\partial^2 x_D} + \frac{\partial^2 \varphi_{fD}}{\partial^2 y_D} + \frac{\partial^2 \varphi_{fD}}{\partial^2 z_D} = \frac{\partial \varphi_{fD}}{\partial t_D} + \eta(1+\omega t_D)^{-(F+a)}\varphi_{fD} \tag{3-20}$$

以上各方程用到的无量纲量如下所示：

$$x_D = \frac{x}{L}, y_D = \frac{y}{L}, z_D = \frac{z}{L}, \varphi_D = \frac{\pi kh T_{st}}{p_{st}q_{st}T}(\varphi_i - \varphi_f), t_D = \frac{kt}{\mu\varphi C_f L^2}$$

式中　L——参照距离，m；

3.2　煤层瓦斯瞬时扩散-线性渗流模型及其数值解

煤层瓦斯运移状态随着自然因素和开采空间的变化而变化。按照流动方向划分[61]，瓦斯在煤层中的流动状态可分为线性流动（单向流）、径向流动和球向流动（如图3-3所示）。在描述煤层瓦斯流动过程，计算煤层透气性系数、煤层渗透率时，应依据现场的实际条件，选择能够描述煤层流动状态的瓦斯流动模型（线性流模型、径向流模型或球向流模型），进而计算相关瓦斯参数。

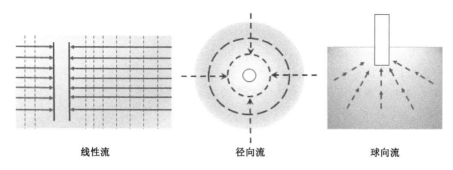

线性流　　　　　　　　径向流　　　　　　　　球向流

图 3-3　瓦斯流场示意图

　　现场测定钻孔瓦斯压力恢复曲线时间较长并且条件复杂,在现场测定钻孔瓦斯压力恢复曲线之前,首先在实验室条件下测定了不同瓦斯压力、不同应力条件下的煤样瓦斯压力恢复曲线,其测定系统、测定结果将在下一章详细介绍。其中,模拟煤层瓦斯运移的实验结构图如图 3-4 所示,由图 3-4 可知,在实验条件下瓦斯的渗流场可以用线性流场(单向流场)来描述。因此,本节在上一节构建的双重介质瓦斯瞬时扩散-渗流模型的基础上,建立双重介质瞬时扩散-线性渗流模型并进行数值分析,绘制瞬时扩散-线性渗流条件下的 $\varphi_{fD}\text{-}t_D$ 图版,从而为下一步利用瓦斯压力恢复曲线计算渗透率做准备。

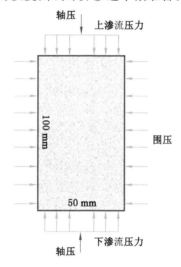

轴压　　上渗流压力

100 mm

围压

50 mm

轴压　　下渗流压力

图 3-4　实验结构图

3.2.1　瓦斯瞬时扩散-线性渗流方程

（1）无量纲方程

　　在上一节建立的双重介质瞬时扩散-渗流无量纲方程(3-20)的基础上,结合图 3-4 得到双重介质瞬时扩散-线性渗流方程:

$$\frac{\partial^2 \varphi_{fD}}{\partial^2 y_D} = \frac{\partial \varphi_{fD}}{\partial t_D} + \eta \left(1 + \omega t_D\right)^{-(F+a)} \varphi_{fD} \qquad (3\text{-}21)$$

　　上式中各符号的表达式:

$$y_D = \frac{y}{r_m},\ \varphi_{fD} = \frac{2\pi k r_m T_{st}}{p_{st} q_{st} T}\left(\varphi_i - \varphi_f\right),\ t_D = \frac{kt}{\varphi \mu C_f r_m^2},\ \eta = \frac{12ET p_{\text{标}}}{T_{\text{标}}\, k}\frac{D_0 r_m^2}{d^2}\frac{ab}{(1+bp_i)^2}\frac{\mu_i Z_i}{2p_i}$$

$$\omega = \frac{\mu\varphi C_{\mathrm f}r_{\mathrm m}^2}{k}$$

式中　$r_{\mathrm m}$——煤柱半径,m。

（2）初边条件及其无量纲初始化

根据下一章的实验条件,无量纲条件下实验边界条件如图 3-5 所示。

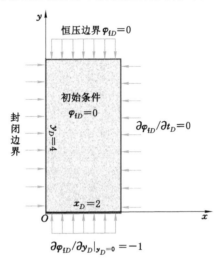

图 3-5　无量纲化实验边界条件

① y 方向边条件

$y=0$ 时:实验条件下,设煤柱中瓦斯以恒定流量 q_{st} 向外涌出。

边界条件为:

$$\pi r_{\mathrm m}^2 \left.\frac{k}{u}\frac{\partial p}{\partial y}\right|_{y=0} = \frac{p_{\mathrm{st}}q_{\mathrm{st}}}{T_{\mathrm{st}}} \cdot \frac{ZT}{p} \tag{3-22}$$

将其转化为拟压力条件:

$$\frac{\partial \varphi}{\partial y} = \frac{p_{\mathrm{st}}q_{\mathrm{st}}T}{2k\pi r_{\mathrm m}^2 T_{\mathrm{标}}} \tag{3-23}$$

无因次转化后,$y_D=0$ 时,有:

$$\left.\frac{\partial \varphi_D}{\partial y_D}\right|_{y_D=0} = -1 \tag{3-24}$$

$y=0.01\ \mathrm{m}$ 处边界条件:瓦斯压力恒定,并且 $\varphi_{\mathrm i} = \varphi_{\mathrm f}$（恒压边界）

转化为无因次条件:

当 $y_D=4$ 时,　　　　　　　　$\varphi_{\mathrm{fD}} = 0$ \hfill (3-25)

② x 方向边条件:

当 $x=0$,$x_D=0$ 时,　　　$\dfrac{\partial \varphi_{\mathrm{fD}}}{\partial x_D} = 0$（封闭边界条件） \hfill (3-26)

当 $x=0.05\ \mathrm{m}$,$x_D=2$ 时,　$\dfrac{\partial \varphi_{\mathrm{fD}}}{\partial x_D} = 0$（封闭边界条件） \hfill (3-27)

③ 初始条件

当 $t=0$ 时,　　　　　　　　$\varphi_{\mathrm i} = \varphi_{\mathrm f}$

转换为无因次条件：

当 $t_D = 0$ 时，$\qquad\qquad\qquad\qquad \varphi_{fD} = 0 \qquad\qquad\qquad\qquad$ (3-28)

3.2.2　瓦斯瞬时扩散-线性渗流方程参数分析

由式(3-21)及其无量纲边界条件可以看出，最后一项的存在使得无量纲方程的解不唯一。因此，应利用 COMSOL 数值软件对式(3-21)进行求解，并分析不同方程参数对 φ_{fD}-t_D 曲线的影响，为绘制 φ_{fD}-t_D 曲线图版提供依据。

(1) COMSOL 数值软件简介

科学与工程领域的种种物理过程都可以用 COMSOL 数值软件模拟。它实现了任意物理场的高精度数值模拟，具有高性能、多场直接耦合分析能力。已被广泛应用于世界领先的数值模拟领域，如图 3-6 所示。COMSOL 数值软件是由 COMSOL 公司在瑞典开发的，它是一个有多物理场模型的建模与仿真交互开发环境系统，可以求解不同物理场的耦合问题。

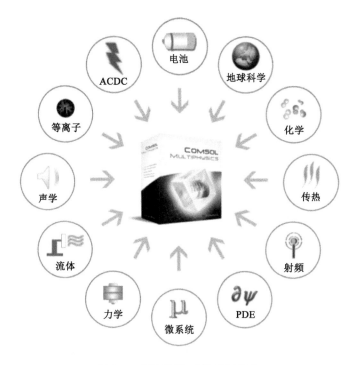

图 3-6　COMSOL 多物理场耦合

COMSOL 最初是 MATLAB 的一个工具箱，称为 toolbox 1.0。后来更名为 FEMLAB 1.0(这个名字一直被用到 FEMLAB 3.1)。到目前为止，COMSOL 由一个基本的模块和八个专业模块组成。对各种具体问题可以进行静态和动态分析，以及线性和非线性、特征值和模态分析。其主要特征概括如下：

① 求解多物理场耦合问题相当于求解方程组。用户只需要选择不同专业的偏微分方程，就可以方便地实现多个物理场的耦合分析。

② 完美、开放的框架结构：用户可以在友好的图形界面环境下，轻松地定义所需的 PDE。

③ 载荷、材料特性、边界条件等均可通过参数被任意独立函数控制。

④ 利用各种常用的物理模型建立了专业计算模型库,用户可以方便地选择和进行必要的修改。

⑤ CAD 建模工具非常丰富,用户可方便地在软件中对 2D 和 3D 进行建模。

⑥ 支持第三方 CAD 导入,目前主流 CAD 软件格式文件均可导入。

⑦ 网格生成能力非常强大,同时能够实现多个网格的生成,实现移动网格。

⑧ 不同物理场之间的耦合处理非常简单而且有效。考虑了物理场所属偏微分方程中不同场之间的影响,并且各物理场中的计算变量均可以用于耦合关系的定义。

⑨ 可采用自带的 Script 语言和 MATLAB 语言进行二次开发,特别适用于创新理论的研究。

⑩ 后期处理功能强大,可根据用户需要输出各种数据、曲线、图片和动画。

除此之外,COMSOL 软件还提供 PDE 模式(即偏微分方程模式),用户要求解的问题如果不在软件已定义的模型框架中,便可以通过自定义微分方程和相应的初始/边界条件的方式来求解。本小节主要通过这一功能对自建的偏微分方程进行求解,下面对此功能进行简要的介绍。

COMSOL 中的偏微分方程有如下 3 种形式:① 系数形式;② 一般形式;③ 弱解形式。其中系数形式主要用于解决线性偏微分问题,一般形式用于解决线性或弱线性偏微分问题。弱解形式一般用于解决非线性偏微分问题。本小节主要采用的是系数形式的方程,如图 3-7 所示。该方程即二阶系数型偏微分方程。其方程各系数表示的意义如下:

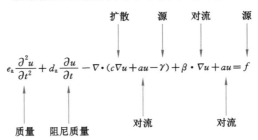

图 3-7　系数型偏微分方程

① 前两项称为惯性项,系数 e_a 和 d_a 表示因变量在时间上的惯性。

② $\nabla \cdot (c\nabla u + au - \gamma)$ 表示因变量在一个体积微元中的关系式,其中系数 c 称为扩散项系数,表示因变量在微元内空间的扩散特性。au 为对流项,α 是守恒通量对流系数,γ 为守恒通量源。

③ $\beta \cdot \nabla u$ 为对流项,β 为对流系数。

④ f 为源项,表示因变量的源和汇。

求解的步骤如下:a. 首先根据实际条件建立几何模型;b. 将要求解的偏微分方程改写成系数型偏微分方程的形式,并写在相应的位置;c. 划分有限元网格;d. 求解;e. 可视化后处理。

(2) 不同方程参数对 φ_{fD}-t_D 曲线的影响

由式(3-23)及其边界条件可知,参数 η、ω、$(F+\alpha)$ 的变化造成 φ_{fD}-t_D 曲线不唯一,因此

本节主要分析以上各参数对 φ_{fD}-t_D 曲线造成的影响,同时分析不同瓦斯参数对 φ_{fD}-t_D 曲线造成的影响,为绘制 φ_{fD}-t_D 图版提供理论依据。

① 不同 η 对 φ_{fD}-t_D 曲线的影响

为了研究 η 对线性流方程的影响,首先固定 ω 和 $(F+\alpha)$,然后研究 φ_{fD}-t_D 曲线随着 η 的变化情况。计算参数列表如表 3-1 所示,η 对 φ_{fD}-t_D 曲线的影响如图 3-8 所示。通过计算及由图 3-8 可以得出,当 η 较小时,φ_{fD}-t_D 基本不再发生变化,由式(3-21)的表达式可知,当 η 较小时,煤基扩散特征对瓦斯运移影响较小,瓦斯在煤样中的流动主要受裂隙系统特征影响,此时 φ_{fD}-t_D 曲线与均质不稳定渗流条件下的 φ_{fD}-t_D 曲线基本重合。依据 η 的表达式和表 3-1 的基本参数,得到了渗透率、扩散参数、瓦斯压力对参数 η 的影响(如图 3-9 至图 3-11 所示)。由图 3-9 至图 3-11 可知,煤样的渗透率越大,煤初始扩散系数 D_0 越小,煤质的极限粒度越大,相应 η 就会越小,这时瓦斯在煤样中的运移越接近均质条件下的不稳定渗流。当 η 逐渐增大,φ_{fD}-t_D 曲线逐渐偏离均质条件下不稳定渗流 φ_{fD}-t_D 曲线。此时,煤基质扩散特征对煤样内瓦斯运移影响逐渐增大。同理,由图 3-9 至图 3-11 可知,当煤样的渗透率越小,煤的初始扩散系数越大,煤基质的极限粒度越小,瓦斯压力越小,相应的煤基质的扩散特性对于瓦斯在煤样中的运移的影响就越大。随着 η 逐渐增大,φ_{fD}-t_D 曲线偏离均质不稳定渗流条件下的 φ_{fD}-t_D 曲线越明显,具体表现在相同的时间点上对应的 φ_{fD} 值较小,而且 η 越大,相应的,在相同的时间点上 φ_{fD} 值越小。另外,η 越大,φ_{fD} 值越不容易达到稳定状态,在 φ_{fD}-t_D 曲线上表现为曲线斜率较长时间才趋近于零,并且 η 越大,φ_{fD}-t_D 曲线斜率趋近于零所需要的时间就越长,压力在进气端和出气端就越不容易达到相等。

表 3-1　η、ω、$(F+\alpha)$ 计算参数列表

参 数 名 称	单位	参数值
标况下的温度,T_{st}	K	293
标况下的压力,p_{st}	Pa	1.00×10^5
标况下的钻孔流量,q_{st}	m^3/s	1.30×10^{-10}
实验温度,T	K	303.00
瓦斯气体黏度,μ	Pa·s	11.07×10^{-6}
气体压缩系数,c_f	Pa^{-1}	1.00×10^{-6}
裂隙系统孔隙度,φ_f(小数)	无量纲	0.049
扩散特性回归常数,F	无量纲	0.40
扩散特性回归常数,E	$1/s^F$	232.00
煤柱半径,r_m	m	0.025
吸附常数,a	m^3/m^3	42.25
吸附常数,b	$1/Pa$	1.20×10^{-6}
煤柱平衡压力,P_i	Pa	1.00×10^6
煤柱原始状态的压缩系数,Z_i	无量纲	1.00
初始扩散系数 D_0	m^2/s	2.00×10^{-11}
极限扩散粒度 d	m	0.004 5

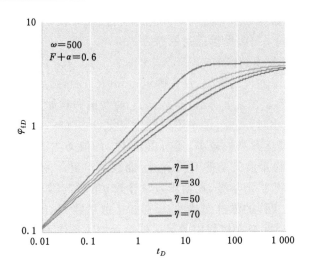

图 3-8　η 对 φ_{fD}-t_D 曲线的影响

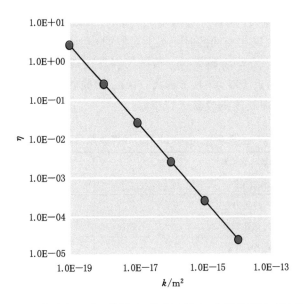

图 3-9　渗透率 k 对 η 的影响（E 表示以 10 为底的指数,下同）

② 不同 ω 对 φ_{fD}-t_D 曲线的影响

通过上面的分析可以看出,当 η 较小时,无论 ω 如何变化,其对 φ_{fD} 和 t_D 关系曲线的影响都不显著。φ_{fD} 和 t_D 关系曲线上更接近于均质不稳定渗流条件下 φ_{fD} 和 t_D 关系曲线。当 η 相对较大时,ω 的变化才有意义。ω 对 φ_{fD} 与 t_D 关系曲线的影响见图 3-12,由图 3-12 可以看出,当 η 较小时,随着 ω 的增加,φ_{fD} 和 t_D 关系曲线趋近于重合。

利用 ω 的定义式和表 3-1 中的参数得到了渗透率 k 与 ω 的关系,如图 3-13 所示,从中可以看出 ω 与煤样的渗透率成反比,煤样的渗透率越大,相应的 ω 值就越小。结合图 3-9 可知,渗透率与 η 的变化也成反比。因此,当 η 较大时,ω 也应较大。另外,通过数值分析可以得出,由于 ω 对 φ_{fD} 与 t_D 关系曲线的影响可以通过 η 来实现,因此为了减少渗透率计算图

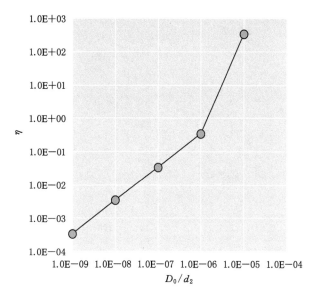

图 3-10　扩散参数对 η 的影响

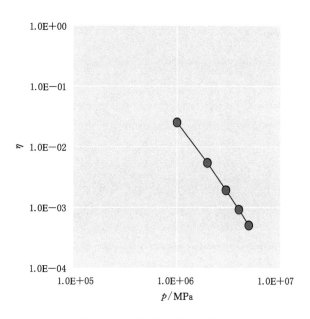

图 3-11　瓦斯压力对 η 的影响

版的绘制,将 ω 取为固定值。

③ 不同 $(F+\alpha)$ 对 φ_{fD}-t_D 曲线的影响

与 ω 的分析相同,当 η 较小时,无论 $(F+\alpha)$ 如何变化,对 φ_{fD} 和 t_D 关系曲线的影响都不会显著,表现为 φ_{fD} 和 t_D 关系曲线更接近均质不稳定渗流条件下的 φ_{fD} 和 t_D 关系曲线。当 η 相对较大时,$(F+\alpha)$ 的变化才有意义。$(F+\alpha)$ 对 φ_{fD} 与 t_D 关系曲线的影响如图 3-14 所示。由该图可知,$(F+\alpha)$ 变小,φ_{fD} 和 t_D 关系曲线逐渐地偏离均质条件下的 φ_{fD} 和 t_D 关系曲线,并且曲线越平缓,所需达到平衡的时间就越长。通过前面的公式推导可知,$(F+\alpha)$ 中的 α 是

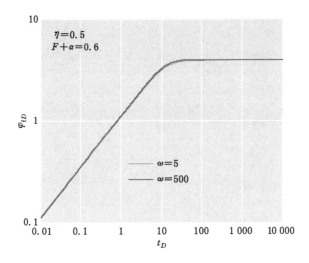

图 3-12 ω 对 $\varphi_{fD}\text{-}t_D$ 曲线的影响

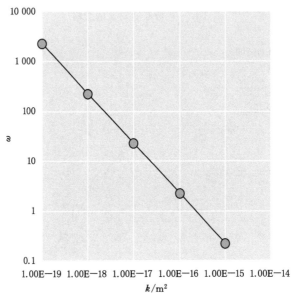

图 3-13 渗透率对 ω 的影响

瞬时扩散系数的衰减系数,而 F 是与 α 有关的回归系数,可以通过式(2-49)和式(2-27)回归得出。经计算可得,随着 α 的增加 F 呈递减趋势,在一定的 α 变化范围内,$(F+\alpha)$ 变化较小且基本稳定在 0.6 左右。因此,为了减少渗透率计算图版的绘制数量,将 $(F+\alpha)$ 取为固定值。

3.2.3 瓦斯瞬时扩散-线性渗流图版建立

利用图版对油气藏压力降落曲线和压力恢复曲线进行分析是现代试井分析方法的核心内容。本小节结合实验条件下瓦斯压力恢复曲线,利用图版分析瓦斯参数的过程如下:

按照系统分析的观点,利用瓦斯压力恢复曲线测定煤渗透率的过程是,计量煤体排出的瓦斯量,并记录由此造成的煤体瓦斯压力的变化,将研究的煤体看作一个系统,则流量就是输入信号,而瓦斯压力的变化就是输出信号,压力恢复曲线解释的任务就是由这些资料,

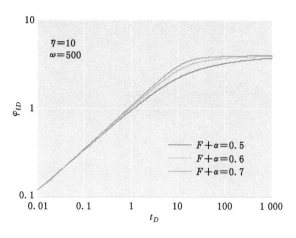

图 3-14　$(F+\alpha)$ 对 $\varphi_{fD}\text{-}t_D$ 曲线的影响

即输入信号(产量的变化)、输出信号(压力的变化)再加上某些条件来识别系统特征(煤体的特性和参数,如渗透率)。要解决这个问题首先建立符合系统(煤体)特征的理论模型,即相应的微分方程和微分方程组及其初/边界条件,解相应的微分方程或微分方程组,把得到的解转化成曲线,这就是相应的解释图版,大多数图版都是 φ_{fD} 和 t_D 双对数关系曲线。通过无因次量可以将图版和实测压力恢复曲线联系起来,由此可以通过图版和压力恢复曲线的拟合得到相关瓦斯参数。

根据线性流条件无量纲,有:

$$\varphi_{fD} = \frac{2\pi kr_m T_{st}}{p_{st}q_{st}T}\Delta\varphi_f \tag{3-29}$$

两边取对数得:

$$\lg\varphi_{fD} = \lg\Delta\varphi_f + \lg\frac{2\pi kr_m T_{st}}{p_{st}q_{st}T} \tag{3-30}$$

$$\lg\varphi_{fD} - \lg\Delta\varphi_f = \lg\frac{2\pi kr_m T_{st}}{p_{st}q_{st}T} = 常数 \tag{3-31}$$

由式(3-31)可以看出在双对数坐标下,实测压差值与无因次压力的差为常数,因此通过上下或左右平行移动,就能使实测曲线与图版得到较好的重合,其重合点的比例关系必定是相应的坐标轴的变换,通过重合点便可以得到 $\dfrac{\varphi_{fD}}{\Delta\varphi_f}$ 的值,记作 $\left[\dfrac{\varphi_{fD}}{\Delta\varphi_f}\right]_M$,结合式(3-29)得:

$$\left[\frac{\varphi_{fD}}{\Delta\varphi_f}\right]_M = \frac{2\pi kr_m T_{st}}{p_{st}q_{st}T} \tag{3-32}$$

利用式(3-32)便可得到相应的渗透率 k。

根据上一小节的分析,为了既能够满足渗透率计算的要求,又能减少图版绘制的工作量,只保留 η 一个变量,而取 $\omega=500$,$(F+\alpha)=0.6$,绘制得到不同 η 条件下的 $\varphi_{fD}\text{-}t_D$ 图版(如图 3-15 至图 3-17 所示)。由图 3-15 至图 3-17 可以看出,随着 η 的增加,$\varphi_{fD}\text{-}t_D$ 曲线将逐渐偏离均质不稳定渗流条件下的 $\varphi_{fD}\text{-}t_D$ 曲线,曲线变得越来越平缓,不易达到稳定状态。通过实测曲线与图版拟合便可以计算渗透率。拟合的过程如下:① 在实验条件下测定压力恢复曲线,将压力转换成拟压力差。② 在相同尺寸的透明对数纸上,绘制拟压差与时间的关系。如果没有这样的透明对数坐标纸,也可用普通透明纸代替。③ 画出的实测曲线在解释板中上下移动和左右平移,平移时一定要保持两张图的对应坐标轴分别互相平行。在图版

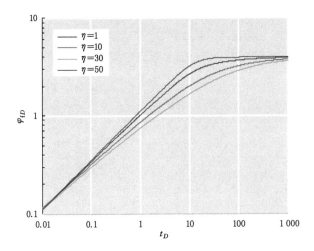

图 3-15 φ_{fD}-t_D曲线(线性:$\eta=1,10,30,50$)

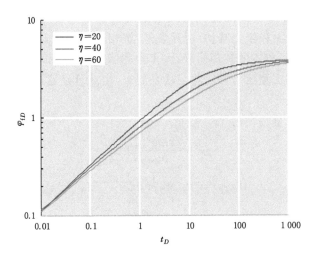

图 3-16 φ_{fD}-t_D曲线(线性:$\eta=20,40,60$)

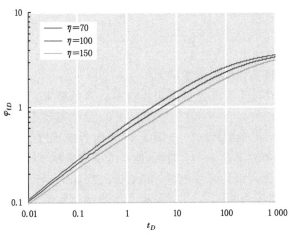

图 3-17 φ_{fD}-t_D曲线(线性:$\eta=70,100,150$)

中找出一条与实测曲线最吻合的样版曲线。④ 最后选定拟合点,标出拟合值。具体的拟合过程和计算渗透率的过程,下一章会详细介绍。另外,本书中只给出了部分计算渗透率的图版,如果有需要还可以增加以满足要求。

3.3　煤层瓦斯瞬时扩散-径向渗流模型及其数值解

3.3.1　瓦斯瞬时扩散-径向渗流方程

压力恢复曲线主要服务于现场煤层瓦斯渗透率,因此建立适合现场煤层瓦斯流动的数学模型尤为重要。本书利用穿层钻孔测定煤层瓦斯压力恢复曲线,一般情况下穿层钻孔的周围瓦斯的流动状态与径向瓦斯流的基本假设一致,因此本节在上一节构建的双重介质瞬时扩散-渗流模型的基础上,建立双重介质瞬时扩散-径向渗流模型,现场钻孔瓦斯压力恢复曲线测定条件下瓦斯流动的边界条件如图 3-18 所示,无量纲边界条件如图 3-19 所示。采用 COMSOL 数值软件对建立的双重介质瞬时扩散-径向渗流模型进行了求解和数值分析,并绘制了瞬时扩散-径向渗流条件下的 φ_{fD}-t_D 图版,为下一步现场利用瓦斯压力恢复曲线计算煤样渗透率做好了准备。

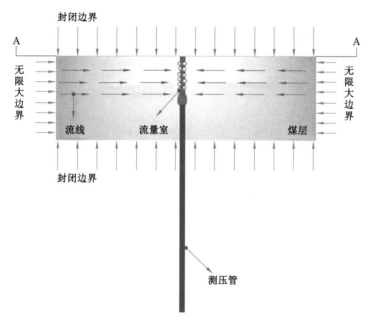

图 3-18　穿层钻孔布置与边界条件

（1）无量纲方程

$$\frac{\partial^2 \varphi_{fD}}{\partial^2 r_D} + \frac{1}{r_D} \frac{\partial \varphi_{fD}}{r_D} = \frac{\partial \varphi_{fD}}{\partial t_D} + \eta \left(1 + \omega t_D\right)^{-(F+a)} \varphi_{fD} \tag{3-33}$$

径向流条件下无量纲量:

$$r_D = \frac{r}{h}, \varphi_{fD} = \frac{\pi k h T_{st}}{p_{st} q_{st} T} (\varphi_i - \varphi_f), t_D = \frac{kt}{\varphi \mu C_f h^2},$$

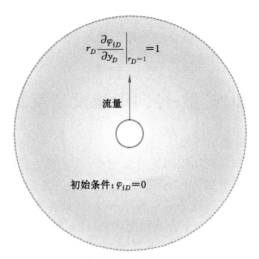

$$r_D \frac{\partial \varphi_{fD}}{\partial y_D}\bigg|_{r_D=1} = 1$$

流量

初始条件：$\varphi_{fD} = 0$

边界条件：$\lim\limits_{r_D \to \infty} \varphi_{fD}(r_D, t_D) = 0$

图 3-19　无量纲边界条件

$$\eta = \frac{6ETp_{st}}{T_{st}k} \frac{D_0 h^2}{d^2} \frac{ab}{(1+bp_i)^2} \frac{\mu_i Z_i}{p_i}, \omega = \frac{\mu \varphi C_t h^2}{k}$$

式中　h——流量室的长度，m。

（2）初/边界条件

内边界条件为：

$$2\pi rh \frac{k}{u} \frac{\partial p}{\partial r}\bigg|_{r=r_0} = q_{标} \frac{p_{标}}{T_{标}} \cdot \frac{ZT}{p} \tag{3-34}$$

将其转化为拟压力条件：

$$r \frac{\partial \varphi_f}{\partial r} = \frac{p_{st} q_{st} T}{\pi kh T_{st}} \tag{3-35}$$

无因次转化得：

$$r_D \frac{\partial \varphi_{fD}}{\partial y_D}\bigg|_{r_D=1} = -1 \tag{3-36}$$

外边界条件：无限大地层

$$\lim\limits_{r_D \to \infty} p(r,t) = 0 \tag{3-37}$$

无因次转化得：

$$\lim\limits_{r_D \to \infty} \varphi_{fD}(r_D, t_D) = 0 \tag{3-38}$$

初始边界条件：

$$p(r,t) = 0 \tag{3-39}$$

无因次转化得：

$$\varphi_{fD} = 0 \tag{3-40}$$

3.3.2　瓦斯瞬时扩散-径向渗流方程参数分析

与瓦斯瞬时扩散-线性渗流分析类似，由式(3-33)及其边界条件可知，参数 η、ω、$(F+\alpha)$ 的变化造成 φ_{fD}-t_D 曲线不唯一，因此本节先分析各方程参数和瓦斯参数对 φ_{fD}-t_D 曲线造成的影响,为绘制 φ_{fD}-t_D 图版提供依据。

(1) 不同 η 对径向流 φ_{fD}-t_D 曲线的影响

为了研究 η 对径向流 φ_{fD}-t_D 曲线的影响,首先固定 ω、$(F+\alpha)$,从而分析随着 η 的变化,φ_{fD}-t_D 曲线的变化特征。不同 η 对径向流的影响如图 3-20 所示,由图 3-20 可以看出,随着 η 的减小,φ_{fD}-t_D 曲线趋于稳定,当 η 小于或等于 10^{-2} 时,φ_{fD} 与 t_D 的关系曲线基本不变化。由式(3-33)可知,随着 η 的减小扩散项趋于零,因此其对整个方程的影响就越来越小。由 η 的定义式可以看出,η 与扩散系数 D_0/d^2 成正比,而与 p_i、k 成反比。因此当煤基质的扩散能力越弱、渗透率 k 越大,煤层瓦斯压力 p_i 越大,则 η 会越小,这时煤基质的扩散对整个瓦斯流动影响较小,裂隙系统在整个瓦斯流动过程中占有主导作用。亦即,此时瓦斯瞬时扩散-渗流方程与均质不稳定渗流方程相似。相反如果当煤基质的扩散能力越强、渗透率 k 越小,煤层瓦斯压力 p_i 越小,则 η 会越大,这时煤基质的扩散对煤层瓦斯流动的影响会增大,瓦斯瞬时扩散-径向渗流方程将偏离均质不稳定渗流方程。一般情况下,原生结构煤的初始扩散系数 D_0 较构造煤要小得多,但是煤基质的极限粒度较构造煤大,并且现场和实验室测定表明原生结构煤的渗透率 k 较构造煤的渗透率大得多。由此可见高瓦斯压力、高渗透率的原生结构煤的瓦斯流动主要受裂隙控制,其 φ_{fD}-t_D 曲线接近均质不稳定渗流条件下 φ_{fD}-t_D 曲线。但是构造煤初始扩散系数较大,极限粒度较小,渗透率较小,相应的 η 会越大,即煤基质扩散对煤层瓦斯渗流的影响越来越大,其 φ_{fD}-t_D 曲线将偏离均质不稳定渗流条件下的 φ_{fD}-t_D 曲线。

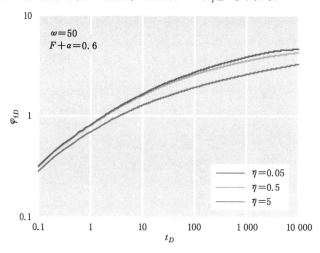

图 3-20 η 对 φ_{fD}-t_D 曲线的影响

(2) 不同 ω 对径向流 φ_{fD}-t_D 曲线的影响

与 3.2.2 小节分析类似,当 η 较小时,无论 ω 如何变化,其对 φ_{fD} 和 t_D 关系曲线的影响都不显著,当 $\eta=0.5$ 时,不同 ω 条件下 φ_{fD} 与 t_D 的关系曲线如图 3-21 所示,此时 φ_{fD} 和 t_D 关系曲线上更接近于均质不稳定渗流条件下的 φ_{fD} 和 t_D 关系曲线。当 η 较大时,ω 的变化才有意义。

由于渗透率 k 与 η 和 ω 的变化都成反比,因此当 η 较大时,渗透率 k 较小,ω 也应较大。另外,通过数值分析可以得出,由于 ω 对 φ_{fD} 与 t_D 关系曲线的影响可以通过 η 来实现,因此为了减少渗透率计算图版的绘制,应将 ω 取为固定值。

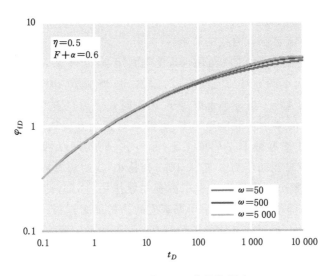

图 3-21　ω 对 φ_{fD}-t_D 曲线的影响

③ 不同$(F+\alpha)$对径向 φ_{fD}-t_D 曲线的影响

与 ω 的分析相同,当 η 较小时,无论$(F+\alpha)$如何变化,对 φ_{fD} 和 t_D 关系曲线的影响不会显著。$(F+\alpha)$ 对 φ_{fD} 与 t_D 关系曲线的影响如图 3-22 所示。由该图可知,$(F+\alpha)$越小,φ_{fD} 和 t_D 关系曲线逐渐地偏离均质条件下的 φ_{fD} 和 t_D 关系曲线,并且越平缓,达到最大值的时间就越长。与 3.2.2 小节分析相同,在一定的 α 变化范围内$(F+\alpha)$ 变化较小,基本稳定在 0.6 左右。因此,为了减少渗透率计算图版的绘制,应将$(F+\alpha)$取为固定值。

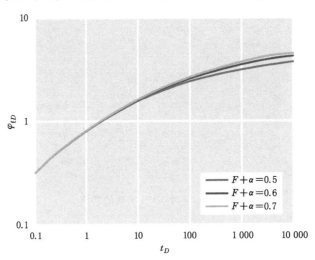

图 3-22　$(F+\alpha)$对 φ_{fD}-t_D曲线的影响

3.3.3　瓦斯瞬时扩散-径向渗流图版建立

为了既能够满足渗透率计算的要求,又能减少图版绘制的工作量,只保留 η 一个变量,而取 $\omega=500$,$(F+\alpha)=0.6$,绘制得到不同 η 条件下的 φ_{fD}-t_D 图版(如图 3-23 至图 3-25 所示)。由图 3-23 至图 3-25 可以看出,随着 η 的增加,φ_{fD}-t_D 曲线将逐渐偏离均质不稳定渗流条

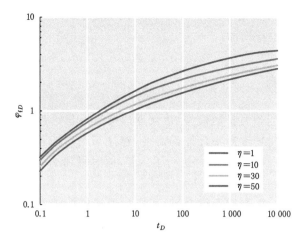

图 3-23 φ_{fD}-t_D 曲线(线性:$\eta = 1,10,30,50$)

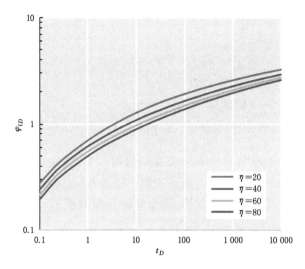

图 3-24 φ_{fD}-t_D 曲线(线性:$\eta = 20,40,60,80$)

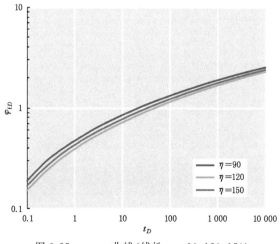

图 3-25 φ_{fD}-t_D 曲线(线性:$\eta = 90,120,150$)

件下的 $\varphi_{fD}\text{-}t_D$ 曲线,曲线变得越来越平缓,不易达到稳定状态。本节只列出了部分图版,可以根据现场条件的需要进行增加。

3.4　本章小结

本章根据非稳态瓦斯瞬时扩散模型、渗流理论构建了非稳态瓦斯瞬时扩散-渗流模型,在此基础上根据实验和现场渗透率计算的需要,建立了瞬时扩散-线性渗流模型和瞬时扩散-径向流模型,并利用 COMSOL 软件进行了求解,同时得到了不同条件下的 $\varphi_{fD}\text{-}t_D$ 图版曲线。本章主要的结论如下:

(1) 煤层是典型的孔隙-裂隙双重介质,瓦斯在煤层中的流动过程,扩散作用起到了重要的作用,非稳态瓦斯瞬时扩散模型较传统的常扩散系数瓦斯扩散模型能较好地描述煤基质的瓦斯扩散过程,因此考虑了煤基质瓦斯瞬时扩散对煤层瓦斯运移的影响,建立了非稳态瓦斯瞬时扩散-渗流模型,为了使方程不受量纲的影响且具有普遍使用性,将非稳态瞬时扩散-渗流方程进行了无量纲化:

① 瓦斯瞬时扩散-线性渗流模型

$$\frac{\partial^2 \varphi_{fD}}{\partial^2 y_D} = \frac{\partial \varphi_{fD}}{\partial t_D} + \eta \left(1 + \omega t_D\right)^{-(F+a)} \varphi_{fD}$$

② 瓦斯瞬时扩散-径向渗流模型

$$\frac{\partial^2 \varphi_{fD}}{\partial^2 r_D} + \frac{1}{r_D}\frac{\partial \varphi_{fD}}{r_D} = \frac{\partial \varphi_{fD}}{\partial t_D} + \eta \left(1 + \omega t_D\right)^{-(F+a)} \varphi_{fD}$$

(2) 利用 COMSOL 数值软件对非稳态瓦斯瞬时扩散-线性渗流模型和瞬时扩散-径向渗流模型进行了求解,根据求解结果分析了方程中的参数($\eta, \omega, F+a$) 对 φ_{fD} 和 t_D 关系曲线的影响,在此基础上建立了瓦斯瞬时扩散-线性渗流和瞬时扩散-径向渗流条件下的渗透率计算图版。

4　煤样瓦斯压力恢复曲线实验室测试与渗透率分析

煤层渗透率是瓦斯抽采、瓦斯灾害防治、煤层气开发过程中的重要参数。煤矿现场条件复杂,测定周期长,难以控制边界条件和验证测定结果的可靠性,在短时间内难以获得大量用于解算渗透率所需的数据。因此,本章在实验室条件下搭建了煤样瓦斯压力恢复曲线实验室测试系统,测定了不同压力、不同应力条件下的煤样瓦斯压力恢复曲线,同时采用稳态法测定了与压力恢复过程具有相同煤柱、相同条件煤样的渗透率。在此基础上,依据上一章建立的瓦斯瞬时扩散-线性渗流方程及相应的渗透率计算图版,建立了实验条件下基于压力恢复曲线的煤样渗透率解算方法,并对煤样渗透率进行了解算与评价。

4.1　煤样瓦斯压力恢复曲线测试系统搭建

4.1.1　测试系统搭建的目的

煤层渗透率是煤矿井下瓦斯抽采、瓦斯灾害预测与防治过程中的重要指标,如何准确地测定煤层渗透率始终是个难题。在煤矿瓦斯灾害防治领域,压力恢复曲线主要服务于煤层渗透率、透气性系数的测定。然而煤矿现场条件复杂,测定周期长,难以控制边界条件和验证测定结果的可靠性。且不能保证每次测定都能成功,短时间难以获得用于解算渗透率所需的大量数据。因此,在现场测定瓦斯压力恢复曲线之前,在实验室条件下搭建了煤样瓦斯压力恢复曲线测试系统。根据流动方向,瓦斯流场分为线性流场(单向流场)、径向流场、球向流场。该实验测试系统能够模拟瓦斯在线性流场条件下的瓦斯压力恢复过程。之所以搭建线性流场条件下瓦斯压力恢复曲线测试系统,一方面是因为受实验条件的限制,另一方面是因为线性流场条件下利用稳态法测定煤样渗透率是我国实验室条件下测定煤渗透率的主流方法,测定结果得到了大多数学者的认可,通过压力恢复曲线解算出来的渗透率与稳态法测定的结果对比更具有说服力。利用该系统能够模拟不同条件下煤样瓦斯压力恢复过程,得到瓦斯压力恢复数据,利用这些数据,一方面可以分析不同因素对压力恢复曲线的影响,另一方面可以用于分析和评价基于压力恢复曲线测定煤渗透率方法的可靠性,为下一步现场测定煤层瓦斯恢复曲线、计算和评价煤层渗透率打下良好的基础。

4.1.2　测试系统搭建的技术方案

实验室煤样瓦斯压力恢复曲线测定系统是在河南理工大学瓦斯地质研究所原有实验室煤样渗透率测定系统的基础上改装而成的,该系统的结构示意图如图 4-1 所示。在原有系统的基础上增加了瓦斯压力恢复系统,其主要部件为储存式电子压力计,可以实时记录瓦斯压力值。该系统主要模拟线性流场条件下瓦斯压力的恢复过程。系统中缸体用于模拟瓦斯在煤中吸附、解吸、扩散线性渗流部分,储存式电子压力计用于采集和记录压力恢复过程的压力变化。该系统实物图如图 4-2 所示。

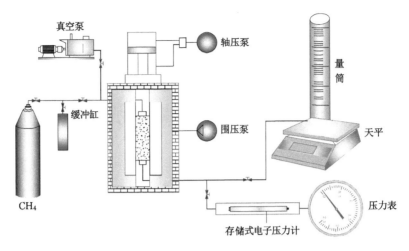

图 4-1　瓦斯压力恢复测定系统示意图

图 4-2　瓦斯压力恢复实验系统实物图

4.1.3　测试系统的主要组成部分

该设备主要包括应力加载系统、三轴加载与气体吸附平衡系统、气压控制系统、自动化控制系统、脱气系统、数据采集系统和压力恢复监测系统等。各系统的主要部件如下：

（1）应力加载系统及其部件

应力加载系统主要由液压油泵系统及其附属管路组成（图 4-3）。其中，液压油泵系统是由轴压泵和围压泵组成，轴压泵型号为 KDHB－120 型超高压电动泵，加载范围是 0～30 MPa，加载方式是逐级加载（可选：手动、自动），最下加载步距是 0.1 MPa。围压泵型号是 KDHB－70 型恒速恒压泵，加载范围是 0～120 MPa，逐级加载（可选：手动、自动），最下加载步距是 0.5 MPa。此加载系统可长期稳定保持压力不变，可保证煤样加载过程中轴压和围压的稳定性。

（2）三轴加载与气体吸附平衡系统及其部件

该系统主要组成部件为三轴压力腔体（图 4-4），该腔体主要由三部分组成：上底座、中间腔体和下底座。其中两个底座通过螺栓固定，从而实现轴应力的加载。三轴压力腔体的长×宽×高为 750 mm×500 mm×500 mm。进行实验时，由轴压泵来提供动力实现轴压加载；通过围压泵向中腔体内注入液压油实现围压的加载。

（3）气压控制系统

气压控制系统包括出气管路气阀、钢制管线、气体缓冲容器、压力腔体进气阀、高压气、

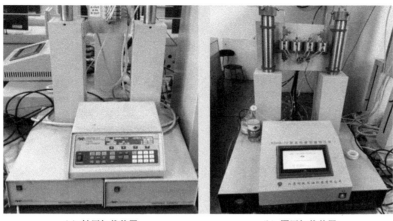

（a）轴压加载装置　　　　　　　（b）围压加载装置

图 4-3　应力加载系统仪器

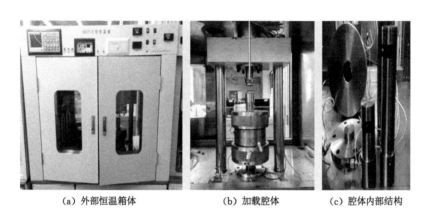

（a）外部恒温箱体　　　　（b）加载腔体　　　　（c）腔体内部结构

图 4-4　三轴加载与气体吸附平衡系统

瓶调压阀、压力表、进气管路气阀等。实验缸中甲烷气体浓度为 99.99%。通过增压泵提高气体压力，增压泵提供的压力范围为 0～30 MPa。进出气部件的连接方式为高压密封。三轴压力室采用螺纹 O 形圈，保证了整个实验过程的气密性。

（4）自动化控制系统（图 4-5）

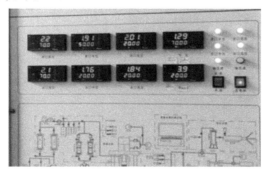

图 4-5　自动化控制系统

集成控制台由数字控制器 EDC、各项参数的显示器(包括轴压、围压和气压)、控制面板组成。其中控制面板主要用来实现轴压和围压的加卸载。在实验过程中,首先将轴压加载设置为手动,初始为出口低压、逐步变为出口高压,同时记录加卸载时围压、轴压和气压的实时数据。

(5)脱气系统

真空脱气设备包括 XZ-0.5 真空泵、ZDF-603 真空计、气阀和所属管路,真空泵(图 4-6)的极限压力为 2 Pa,抽采速率为 0.5 L/s,真空计可现实抽真空过程压力室内部的压力值读取。

在实验准备工作中先对含煤柱的三轴压力室抽真空,关闭压力室进气阀,然后连接出气阀和真空泵,脱气时间不少于 12 h,在真空计读数接近 2 Pa 并保持 2 h 不变情况下,脱气过程完成。

图 4-6　真空泵

(6)数据采集系统

轴压数据由位于轴压泵液压缸底部的传感器自动采集,围压数据由邻近围压泵的压力传感器自动采集,并可以与计算机相连。

应力应变数据可由 TDS-602 应变仪进行采集,该设备可用于多通道应变测量,精度高,稳定性好,其后端有数据传输端口,可与计算机相连接。

渗流流量可由电子质量流量计(流量一般大于 1 L/min)来测定,测定结果通过煤岩三轴应力-应变联测仪软件实现轴应力、径向应力、应变值和渗透率的自动获取。

(7)压力恢复监测系统

自主设计的压力恢复监测系统(图 4-7),由 TC-II 型容器、DDI 型存储式电子压力计、高精度压力表组成,在 TC-II 型容器中装入 DDI 型存储式电子压力计,容器与整个系统管路连接,通过控制阀门实现压力恢复过程的监测过程,其中关键部件 DDI 型存储式电子压力计的主要参数如表 4-1 所示。

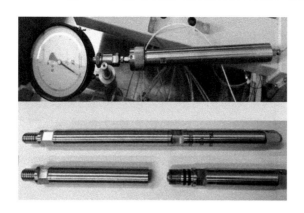

图 4-7　压力恢复监测系统

表 4-1　存储式电子压力计主要参数

传感器	压力精度	压力分辨率	压力漂移	压力等级	温度精度	温度分辨率	温度等级
硅蓝宝石	0.05%	0.000 3%	<3 psi	1 000 psi	±1 ℃	0.001%	125,150 ℃
储容量	电源	采样速率	外筒材料	外筒直径	外筒长度	通信端口	软件
500 000 组数据	3.2~4.6 VD 铝电池	1 组 1 s~1 h	718 镍铬合金	0.75 英寸	8 英寸	USB	Windows 兼容

（8）流量数据采集系统

流量数据采集系统主要由大量筒、电子式天平组成、数显式电子质量流量计组成。数显式电子质量流量计可以自动采集流量数值,但是其测定范围较小,当流量超过其测定范围时,无法测量流量,在数显式电子质量流量计的出气口安装了排水法流量测定系统(如图 4-8 所示),该系统由大量筒和 XK3190-A27E 数显式电子天平组成。大量筒中装满水,通过相同时间间隔内水的质量变化来计量排出气体量的多少。

图 4-8　排水法流量测定系统

4.2 煤样瓦斯压力恢复过程试验

本试验的目的在于模拟瓦斯在线性流场条件下,煤样瓦斯压力恢复过程,并分析外界条件对压力恢复过程的影响。同时为了给压力恢复法计算煤渗透率提供数据支持,在测定煤样瓦斯压力恢复过程中采用稳态法测定了煤样渗透率,可与压力恢复法计算出来的渗透率做对比,从而验证压力恢复法测定煤渗透率的可靠性。

4.2.1 煤样的采集与制备

本次试验煤样采自古汉山矿二₁煤层 16031 掘进工作面,煤样采集过程中,严格按照国家有关标准(GB/T 19494.2—2004)进行。首先,从井下将新鲜大块煤样采出并立即用宽胶带将其捆扎,目的在于使煤样得到密封;其次,将煤样尽快运至井上,并立即采取浸蜡固封的方法再次密封,然后运回河南理工大学实验室,部分煤样如图 4-9 所示。依据本书研究目的对采集的煤样进行煤芯钻取,钻取步骤如下。

图 4-9 现场采集的煤样

(1)样品观察

取出准备要钻取煤柱的块状煤样并进行下列观测:① 找出块状煤样的层理面,确定煤的类型(原生煤/构造煤),观察煤岩类型;② 根据层理面确定端裂隙和面裂隙的方向;③ 测量煤块的长宽高,根据需要取岩芯的直径、高度(直径 50 mm、高度 100 mm)并合理规划,对同一块状煤样尽量多地钻取煤柱。

(2)切割样品

根据前面的测量结果,合理规划钻取岩芯的个数,分出明确的界线,做出清晰的记录,然后在切割机上开始切割煤块。操作切割机时(图 4-10),要做到连续、稳定,速度保持适中。为了保证加工时样品稳定,试样应有平整的断面。为了减少煤样粉尘的产生,可以适

图 4-10　煤样切割机

量用水作为钻刀冷却液。

（3）钻取岩芯

煤样切割完以后，下一步开始钻取岩芯，煤样钻取机如图 4-11 所示。① 打开空气压缩机，设置其输出气压为 0.2 MPa。② 选取满足要求的钻头，同时在其螺纹处加润滑剂，在钻机上安装好。③ 将待割煤块放到操作台上，开启空气压缩机夹紧煤样。④ 调整钻头的位

图 4-11　煤样钻取机

置、高度,使钻头距煤样的距离约 1 cm。⑤ 气动煤样钻机,同时接通自来水,冷却钻头,冲出煤屑。⑥ 通过手动控制机头的下降速度,钻取煤芯。

（4）煤芯的两端切割

经过煤岩钻取机钻取后的煤柱需要在精密岩心切磨机上进行切割,同时将煤柱的上下两个端面打磨光滑,要求平整度不大于 0.02%,从而保证煤柱与三轴压力腔体的上、下界面紧密接触。对加工完的煤柱进行编号标记,并按照要求将煤柱放入干燥箱进行 12 h 干燥处理,以消除煤柱自身水分对测试结果的影响。制作好的煤柱如图 4-12 所示。

图 4-12　制作好的煤柱

4.2.2　煤样瓦斯压力恢复曲线测试方案与步骤

（1）实验方案

影响瓦斯在煤中流动的因素很多,一般来说,孔隙、裂隙等内在因素起主导作用,但是在我国复杂的地质构造背景下,原地应力、瓦斯因素对煤层瓦斯流动和渗透率有显著影响。因此本次选择裂隙发育程度、应力、瓦斯压力作为影响煤层瓦斯压力恢复的主要因素开展实验。结合采样深度、古汉山矿实测的地应力数值、实验的难易程度,设定如下实验条件:当分析应力对压力恢复曲线、渗透率的影响时,应力变化设定为,保持围压、瓦斯压力不变,而轴压的加载压力值分别为 5 MPa、7 MPa、9 MPa、11 MPa,采取先加载预定的轴压和围压、再充入气体的方式,防止在加载轴压和围压的过程中瓦斯压力发生变化。具体的应力加载路径为,先以 0.05 MPa/s 加载速率,加载轴压和围压至 $\sigma_1 = \sigma_3 = 5$ MPa 的静水压力状态,然后以 0.05 MPa/s 加载速率分别加载轴压至 7 MPa、9 MPa、11 MPa,进行不同轴压条件下的瓦斯压力恢复实验和渗透率测定实验,加载方案路线如图 4-13 所示。

图 4-13　恒瓦斯压力方案路线图

在分析瓦斯压力对压力恢复曲线、渗透率的影响时,应保持轴压、围压不变,改变瓦斯压力,分别设定为 1.5 MPa、2 MPa、2.5 MPa,从而进行不同瓦斯压力条件下瓦斯压力恢复实验和渗透率测定实验,方案路线如图 4-14 所示。相关加载实验方案如表 4-2 所示。

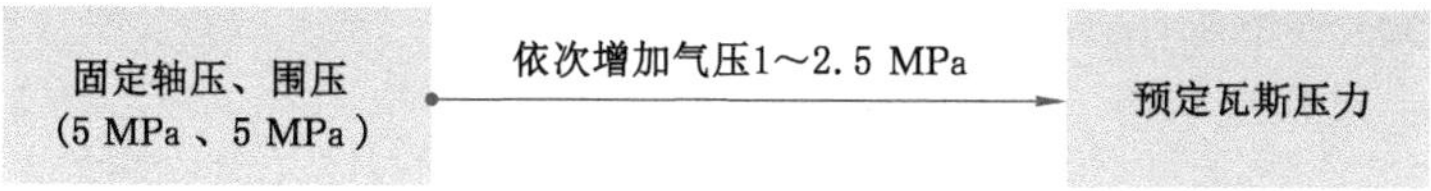

```
┌─────────────────┐   依次增加气压1～2.5 MPa    ┌──────────────┐
│ 固定轴压、围压   │ ─────────────────────────→ │ 预定瓦斯压力 │
│（5 MPa、5 MPa）  │                            │              │
└─────────────────┘                            └──────────────┘
```

图 4-14　恒轴压围压方案路线图

表 4-2　应力、瓦斯压力加载实验方案

应力路径	气压/MPa	轴压/MPa	围压/MPa
恒围压 恒气压 加轴压	1.0 1.0 1.0 1.0	5 7 9 11	5 5 5 5
恒围压 恒轴压 加气压	1.5 2.0 2.5	5 5 5	5 5 5

（2）实验步骤

① 制备标准煤柱：直径 50 mm，高度 100 mm 的标准圆柱体，上、下端面不平整度应小于 5%。将制好的煤柱放入真空干燥箱内，105 ℃条件下恒温加热 24 h，冷却后密封备用。

② 系统气密性检验：用标准尺寸的钢块（50 mm×100 mm）代替煤柱放置在三轴压力腔体上、下压头之间，分别给系统加载 3 MPa 的轴压、围压。把出气口阀门关闭，给腔体通入 2 MPa 的气体，平衡 24 h 后，观测整个系统压力值，如果变化不超过±0.01 MPa，说明整个试验系统气密性良好，否则应及时处理，保证压力恢复试验的精准测量。

③ 真空脱气：检验过系统气密性以后，将待测煤柱放入三轴压力腔中，同时加载实验方案中预定的轴压、围压，固定煤柱且保证压力腔密封。关闭进气口阀门，打开出气口阀门，利用真空泵在出气尾端进行抽真空脱气，脱气时间不少于 12 h，在真空计读数接近 2 Pa 并保持 2 h 不变情况下，真空脱气工作可认为完成。

④ 安装 DDI 型存储式电子压力计：将电子压力计与电脑连接，通过 gateway 软件给电子压力计编程，设定采样时间间隔等。参数设置好后，给存储式电子压力计安装电池，同时放入并打开压力恢复室管路（如图 4-7 所示），接通管路，此时电子压力计开始读取数据。

⑤ 恒温设定：将恒温箱四扇闭合门关闭[恒温箱如图 4-4(a)所示]，打开恒温控制装置，进行温度设置，温度设定为恒定 30 ℃，整个试验过程中，恒温箱持续处于正常工作状态，从加热到温度稳定需 2 h，温度恒定后开始进行试验。

⑥ 瓦斯压力设定与吸附平衡：关闭三轴压力腔出气口阀门，打开气瓶阀门，调节气体减压阀并向系统管路及参考缸内注入预定的甲烷气体（方案如表 4-2 所示），达到预定压力后，进行吸附平衡 24 h，待三轴压力腔进、出气口瓦斯压力传感器读数一致并维持稳定（2 h 内数值不再变化），可认为煤柱已达到瓦斯吸附平衡状态。

⑦ 煤样瓦斯压力恢复过程测定：待达到吸附平衡后，打开压力恢复室出气口阀门使气压放空至大气压，并利用流量测定系统测定流量，待流量稳定后停止测量；关闭压力恢复室出气口阀门，然后进行压力恢复测试，压力恢复室内压力逐渐恢复到预定平衡压力。存储

式电子压力计将连续记录压力恢复室内压力变化值。

⑧ 重复以上过程进行下一组实验。

4.3 煤样瓦斯压力恢复曲线测试结果与分析

4.3.1 不同瓦斯压力条件下压力恢复曲线与结果分析

为了研究在一定的应力状态下,不同吸附平衡瓦斯压力条件下,煤样瓦斯压力的恢复过程,先以 0.05 MPa/s 加载速率加载轴压和围压至 5 MPa 的静水压力状态,然后施加预定的瓦斯压力(1.5 MPa,2.0 MPa,2.5 MPa),吸附平衡后进行瓦斯压力恢复测定。为了研究裂隙发育程度对煤样瓦斯压力恢复曲线的影响,平行测定了两组煤柱。1#煤柱宏观裂隙相对较少,如图 4-15 所示。2#煤柱相对破碎,宏观裂隙较多,并且经过观察发现有贯通整个煤柱的裂隙,煤柱实物如图 4-16 所示。

图 4-15　1#煤柱实物图

图 4-16　2#煤柱实物图

1#煤柱不同压力条件下的瓦斯压力恢复曲线如图 4-17 至图 4-19 所示,2#煤柱不同压力条件下的瓦斯压力恢复曲线如图 4-20 至图 4-23 所示。由瓦斯压力恢复曲线可以看出,在瓦斯压力恢复过程中,压力的变化较为平滑,且初始瓦斯压力越大,在压力恢复初期压力的变化就越快、中期压力恢复曲线的曲率越大,到后期稳定在最大值。这些特点都可以为

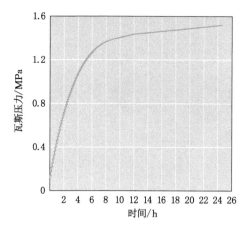

图 4-17 瓦斯压力恢复曲线(1#煤柱,1.5 MPa)

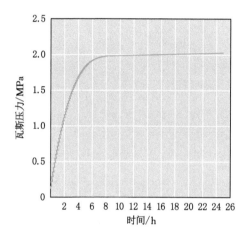

图 4-18 瓦斯压力恢复曲线(1#煤柱 2 MPa)

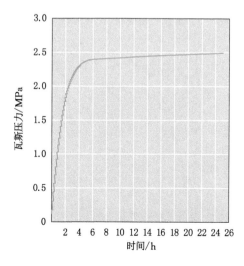

图 4-19 瓦斯压力恢复曲线(1#煤柱,2.5 MPa)

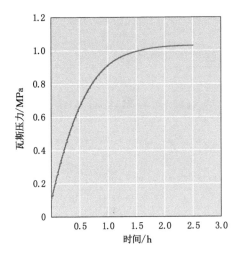

图 4-20　瓦斯压力恢复曲线(2#煤柱 1 MPa)

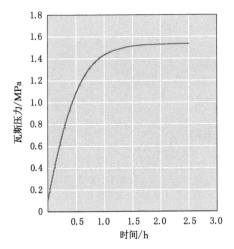

图 4-21　瓦斯压力恢复曲线(2#煤柱 1.5 MPa)

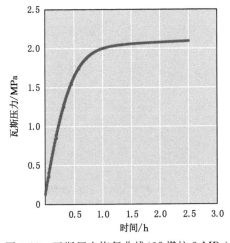

图 4-22　瓦斯压力恢复曲线(2#煤柱 2 MPa)

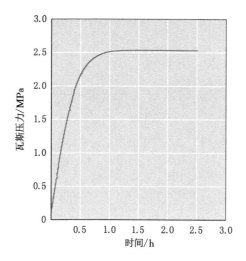

图 4-23 瓦斯压力恢复曲线(2#煤柱,2.5 MPa)

现场测定瓦斯压力所借鉴,通过分析压力恢复曲线特征,判定瓦斯压力测定的可靠性。另外,高瓦斯压力煤样相对低瓦斯压力煤样而言,压力恢复达到最大值附近所需的时间并不比低瓦斯压力时所需要的时间长,如果只关注瓦斯压力的大小,压力值达到最大值附近后,并不要观测很长时间。裂隙发育的煤柱相对裂隙欠发育的煤柱,相同压力条件下,在初始阶段压力变化快,中期压力恢复曲线的曲率较大,压力恢复到最大值所需要的时间较短。

4.3.2 不同应力条件下压力恢复曲线与结果分析

为了研究在一定的瓦斯压力和不同应力条件下的煤样瓦斯压力的恢复过程,先以0.05 MPa/s加载速率加轴压和围压至5 MPa的静水压力状态,然后以0.5 MPa/s加载速率分别加载轴压至7 MPa、9 MPa、11 MPa,从而进行不同轴压,瓦斯压力为1 MPa条件下的瓦斯压力恢复曲线测定。

1#煤柱不同应力条件下的压力恢复曲线如图4-24至图4-27所示,2#煤柱不同应力条件下的压力恢复曲线如图4-28至图4-31所示。由不同应力条件下的压力恢复曲线可以看出,随着应力的增大,压力恢复曲线变得平缓,单位时间内压力增加量减小,达到平衡状态

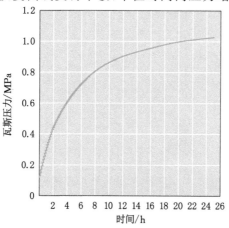

图 4-24 瓦斯压力恢复曲线(1#,轴压5 MPa)

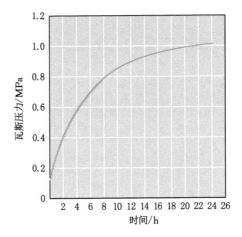

图 4-25　瓦斯压力恢复曲线（1#，轴压 7 MPa）

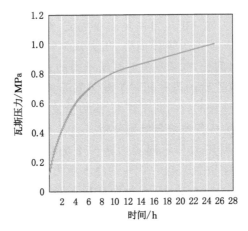

图 4-26　瓦斯压力恢复曲线（1#，轴压 9 MPa）

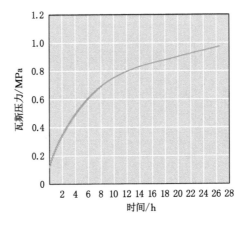

图 4-27　瓦斯压力恢复曲线（1#，轴压 11 MPa）

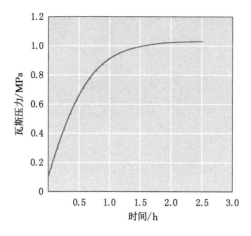

图 4-28 瓦斯压力恢复曲线(2#,轴压 5 MPa)

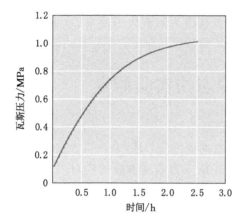

图 4-29 瓦斯压力恢复曲线(2#,轴压 7 MPa)

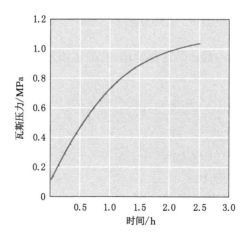

图 4-30 瓦斯压力恢复曲线(2#,轴压 9 MPa)

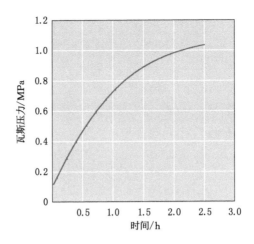

图 4-31　瓦斯压力恢复曲线($2^{\#}$,轴压 11 MPa)

所需的时间明显增加。这主要是因为随着应力的增加,压力裂隙闭合,会造成煤柱渗透率减小,裂隙瓦斯的流速减慢,从而造成瓦斯压力不容易达到平衡。

4.4　煤样渗透率稳态法实验测定

4.4.1　实验目的与实验方案

实验室煤样瓦斯压力恢复曲线测定系统,是在实验室煤样渗透率测定系统的基础上改进得到的。因此在测定煤样瓦斯压力恢复曲线的同时可以测定煤样渗透率。测定煤样渗透率的目的是与通过瓦斯压力恢复曲线解算得出的渗透率进行对比,从而验证通过压力恢复法测定煤渗透率的可靠性与可行性。

本实验采用稳态法测定不同应力、不同瓦斯压力条件下的煤样渗透率。为了能与煤样瓦斯压力恢复法测定的渗透率对比,稳态法测定煤样渗透率与煤样瓦斯压力恢复过程的测定同时进行,因此应力与瓦斯压力的加载条件与瓦斯压力恢复曲线测定过程相同。

4.4.2　实验方法与步骤

稳态法测定煤样渗透率的基础是达西定律,根据达西定律可以得到煤样渗透率 k 的计算公式[192]:

$$k = \frac{2\mu p_0 Q_0 L}{A(p_1^2 - p_0^2)} \tag{4-1}$$

式中　k——煤样渗透率,m^2;

　　　Q_0——标准状况下的气体渗流量,m^3/s;

　　　p_0——一个标准大气压,Pa;

　　　μ——瓦斯气体动力黏度,$Pa \cdot s$;

　　　L——煤样试件长度,m;

　　　p_1,p_2——煤样渗透气体的出口和进口压力,Pa;

　　　A——煤样试件横截面积,m^2。

根据气体渗流量(Q_0)、煤样进出口渗透压力(p_1、p_2)等参数便可以计算出煤样的渗透

率 k。本次渗透率测试的实验步骤与压力恢复实验步骤基本相同,且每次的渗透率都是与测定压力恢复过程同时测定。首先等到煤样瓦斯压力吸附平衡以后,打开出口阀门测定流量,等流量稳定后,关闭出口阀门进行煤样的压力恢复,这时将流量、进口压力、出口压力等数据代入式(4-10),即可得到稳态法测定的渗透率。

4.4.3 实验测定结果与分析

通过稳态法测定的不同瓦斯压力、不同应力条件下煤样渗透率如表 4-4 所示。

表 4-4 古汉山矿煤样渗透率测试结果

煤样编号	序号	施加条件	轴压/MPa	围压/MPa	气压/MPa	渗透率/m²
1#煤样	1	恒轴压	5	5	1.5	1.66×10^{-17}
	2	恒围压	5	5	2.0	1.13×10^{-17}
	3	变气压	5	5	2.5	1.32×10^{-17}
	4	恒围压	7	5	1	2.28×10^{-17}
	5	恒气压	9	5	1	7.60×10^{-18}
	6	变轴压	11	5	1	7.60×10^{-18}
2#煤样	7	恒轴压	5	5	1.5	4.03×10^{-17}
	8	恒围压	5	5	2.0	1.89×10^{-17}
	9	变气压	5	5	2.5	1.93×10^{-17}

为了与压力恢复法测定煤样渗透率对比,具体的计算过程在 4.5.2 小节给出。不同压力条件下得到的煤样渗透率如图 4-32 至图 4-33 所示。由图 4-32 至图 4-33 可知,随着孔隙瓦斯压力的增加,1# 和 2# 煤样的渗透率都表现出先减小后增大的趋势,即表现出煤样渗透率的"自调节效应"。煤样的渗透率受孔隙瓦斯压力和有效应力共同控制,在初期随着瓦斯压力的增加,煤基质膨胀,从而导致煤样内裂隙宽度变窄,相应的,煤样的渗透率变小,这一

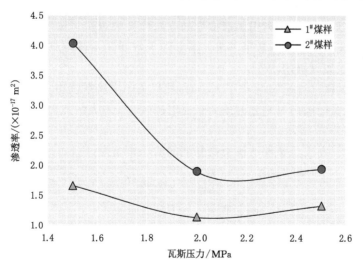

图 4-32 不同瓦斯压力条件下的渗透率

现象在裂隙较为发育的 $2^{\#}$ 煤样中表现得尤为突出。但随着孔隙瓦斯压力的进一步增加,煤基质膨胀到达极限后将不再增加,此时有效应力逐渐起到主导作用。由有效应力的定义可知,在外界应力不变的条件下,随着孔隙瓦斯压力的增加,煤样的有效应力减小,从而导致煤样中的裂隙宽度增加,煤样的渗透率增大。不同轴压条件下,煤样渗透率的变化如图 4-33 所示,随着轴压的增大,煤样的渗透率明显呈递减趋势,并且初期下降得比较快,后期变慢,当应力增加到一定程度后,渗透率将不再发生变化。本次渗透率的测定结果与对渗透率的一般认识相符[193-194],从而证明了本次渗透率测定结果的可靠性。

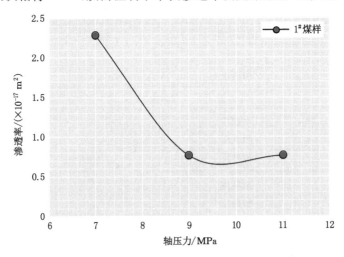

图 4-33 不同轴压条件下的渗透率

4.5 煤样瓦斯压力恢复分析与渗透率解算

4.5.1 煤样瓦斯压力恢复分析方法

由第三章的分析可知,可利用图版拟合的方法计算渗透率。图版法是油气藏开发领域利用试井测定油气藏渗透率的常用方法。借鉴油气藏开发领域的成果,建立实验条件下的压力恢复分析方法如下所述。

先假定实验煤样以流量 q_{st} 生产了 t_p 小时,然后关闭实验系统出口阀门进行压力恢复测试。用 Δt 表示从关闭阀门时刻起的压力恢复时间,$\varphi_{ws}(\Delta t)$ 表示关闭阀门 Δt 小时时刻的煤样瓦斯压力,如图 4-34 所示。

根据叠加原理,在实验条件下压力恢复期间的压力差为:

$$\Delta \varphi(\Delta t) = \varphi_i - \varphi_{ws}(\Delta t) = \frac{p_{st} q_{st} T}{2\pi k r_m T_{st}} \{ \varphi_{fD}[(t_p + \Delta t)_D] - \varphi_{fD}[(t_p)_D] \} \tag{4-2}$$

另外可以用"压力恢复值"$\Delta \varphi_{恢复}$ 来表示压力恢复过程[114]。

$$\Delta \varphi_{恢复}(\Delta t) = \varphi_{ws}(\Delta t) - \varphi_{ws}(\Delta t = 0) = \Delta \varphi(\Delta t = 0) - \Delta \varphi(\Delta t) = C - \Delta \varphi(\Delta t) \tag{4-3}$$

其中: $$C = \Delta \varphi(\Delta t = 0) = \Delta \varphi(t = t_p) = \frac{p_{st} q_{st} T}{2\pi k h T_{st}} \varphi_{fD}[(t_p)_D]$$

则 $$\Delta \varphi_{恢复} = \frac{p_{st} q_{st} T}{2\pi k h T_{st}} \{ \varphi_{fD}[(t_p)_D] - \varphi_{fD}[(t_p + \Delta t)_D] + \varphi_{fD}(\Delta t_D) \} \tag{4-4}$$

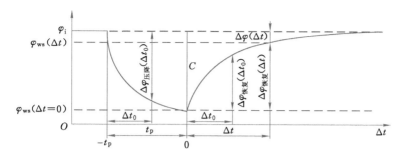

图 4-34　压力恢复过程示意图

为了用压力降曲线解释压力恢复资料,现分两种情形分析:

(1) 当 $t_p \gg \Delta t_{max}$ 时,其中 Δt_{max} 表示测量压力恢复的最长时间。

由于对所有的恢复时间 Δt,都有 $t_p \gg \Delta t$,所以:

$$t_p + \Delta t \approx t_p \tag{4-5}$$

$$\varphi_{fD}(t + t_p) \approx \varphi_{fD}(t) \tag{4-6}$$

则

$$\Delta\varphi_{恢复} \approx \Delta\varphi_{压降}(\Delta t) \tag{4-7}$$

由式(4-7)可知,当恢复时间远小于钻孔瓦斯排放时间时,此时压力恢复曲线与压力降落曲线近似,此时可以用压力降落曲线来解释压力恢复的过程。

(2) 当条件(1)不满足时,此时整条压力恢复曲线与压降曲线相似已经不可能,但在刚刚恢复的一段时间里 Δt 很小,即 $t_p \gg \Delta t$ 成立,因此有:

$$\Delta\varphi_{恢复} \approx \Delta\varphi_{压降}(\Delta t) \tag{4-8}$$

亦即,在压力恢复的早期与压降的早期非常近似,这一段的压力恢复曲线可以与压降样板曲线拟合,可以用初期的压降曲线计算渗透率。但其余部分的压力恢复曲线,由于不能满足条件(1),不能与压降曲线拟合。此时压力恢复曲线一定在相应的压降曲线的下方,因此只能选取在实测压力恢复曲线上方的压降曲线进行拟合。这种情况下典型的压力恢复曲线如图 4-35 所示。

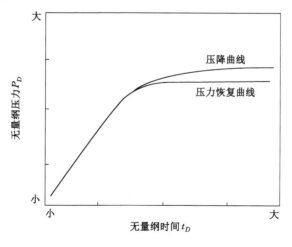

图 4-35　$t_p < \Delta t_{max}$ 时压降曲线与压力恢复曲线示意图

通过以上分析可以得出用图版法计算渗透率的步骤如下：

（1）将实测压力数据与典型曲线图版上下移动拟合，但是如果当 $t_p \gg \Delta t_{\max}$ 这一条件不满足时，只能将压力恢复曲线在早期与典型图版拟合。

（2）将无因次压力曲线和实测的压力恢复曲线对比拟合得到 $\left[\dfrac{\varphi_{fD}}{\Delta \varphi_f}\right]_M$，从而由式（4-9）得出渗透率。

$$k = \frac{p_{st} q_{st} T}{2\pi r T_{st}} \left[\frac{\varphi_{fD}}{\Delta \varphi_f}\right]_M \tag{4-9}$$

4.5.2 煤样渗透率解算

为了验证压力恢复法计算煤渗透率的可行性与可靠性，首先利用上一节建立的方法，利用压力恢复曲线计算出煤样的渗透率，然后与稳态法测定的煤样渗透率进行对比，来评判压力恢复法测定煤渗透率的可靠性与可行性。由第三章的分析可知，气体与液体不同，在计算渗透率之前要把气体压力换算成拟压力。通常用数值积分（梯形法）的方法计算拟压力，公式如下：

$$\int_{p_0}^{p} \frac{2p}{\mu Z} dp = \sum_{i=1}^{n} \frac{1}{2}\left[\left(\frac{2p}{\mu Z}\right)_i + \left(\frac{2p}{\mu Z}\right)_{i-1}\right](p_i - p_{i-1}) \tag{4-10}$$

利用式（4-10）通过编程或手工计算将瓦斯压力换算成拟压力，得到拟压力后便可计算煤样的渗透率。

（1）不同瓦斯压力条件下压力恢复法煤样渗透率计算与对比

① 实验条件：1# 煤柱，轴压、围压为 5 MPa，瓦斯压力为 1.5 MPa，实验温度为 303 K，标准状态下 $T_{st}=293$ K，$P_{st}=1\times10^5$ Pa，标况下稳定流量为 3.3×10^{-7} m³/s。拟压力曲线与图版曲线拟合如图 4-36 所示，图版曲线参数为 $\eta=20$，$\omega=500$，$(F+\alpha)=0.6$。

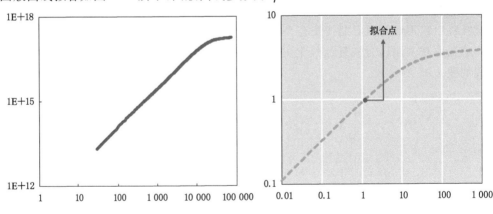

图 4-36　瓦斯压力恢复曲线图版拟合（1# 煤柱，1.5 MPa）

在拟合点处，$\varphi_{fD}=1$，$\Delta\varphi_f=2\times10^{16}$ Pa/s，则 $\left[\dfrac{\varphi_{fD}}{\Delta\varphi_f}\right]_M = 2\times10^{-16}$ [1/(Pa/s)]。

则相应的煤样的渗透率为：

$$k = \frac{p_{st} q_{st} T}{2\pi r T_{st}}\left[\frac{\varphi_{fD}}{\Delta\varphi_f}\right]_M = \frac{1\times10^5 \times 3.3\times10^{-7} \times 303}{2\times3.14\times0.025\times293} \cdot \frac{1}{2\times10^{16}} = 2.10\times10^{-17}\ m^2$$

利用稳态法测定的煤样渗透率为：

$$k = \frac{2\mu p_0 Q_0 L}{A(p_2^2 - p_1^2)} = \frac{2 \times 1.1 \times 10^{-5} \times 1 \times 10^5 \times 3.3 \times 10^{-7} \times 0.1}{1.96 \times 10^{-3}(1.5 \times 10^6 \times 1.5 \times 10^6 - 1 \times 10^5 \times 1 \times 10^5)}$$
$$= 1.66 \times 10^{-17} \ \text{m}^2$$

② 实验条件：1# 煤柱，轴压、围压为 5 MPa，瓦斯压力为 2 MPa，标准状况下稳定流量为 4×10^{-7} m^3/s，实验温度为 303 K，标准状态下 $T_{st} = 293$ K，$P_{st} = 1 \times 10^5$ Pa。拟压力曲线与图版拟合如图 4-37 所示，图版曲线参数为 $\eta = 10, \omega = 500, (F + \alpha) = 0.6$。

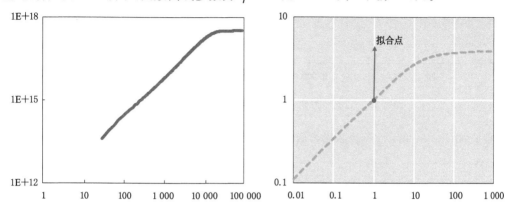

图 4-37 瓦斯压力恢复曲线图版拟合（1# 煤柱，2 MPa）

在拟合点处，$\varphi_{fD} = 1$，$\Delta\varphi_f = 3 \times 10^{16}$ Pa/s，则 $\left[\dfrac{\varphi_{fD}}{\Delta\varphi_f}\right]_M = 3 \times 10^{-16} [1/(\text{Pa} \cdot \text{s})]$。

则相应的煤样的渗透率为：

$$k = \frac{p_{st} q_{st} T}{2\pi r T_{st}} \left[\frac{\varphi_{fD}}{\Delta\varphi_f}\right]_M = \frac{1 \times 10^5 \times 4 \times 10^{-7} \times 303}{2 \times 3.14 \times 0.025 \times 293} \cdot \frac{1}{3 \times 10^{16}} = 1.70 \times 10^{-17} \ \text{m}^2$$

利用稳态法测定的煤样渗透率为：

$$k = \frac{2\mu p_0 Q_0 L}{A(p_2^2 - p_1^2)} = \frac{2 \times 1.1 \times 10^{-5} \times 1 \times 10^5 \times 4 \times 10^{-7} \times 0.1}{1.96 \times 10^{-3}(2 \times 10^6 \times 2 \times 10^6 - 1 \times 10^5 \times 1 \times 10^5)}$$
$$= 1.13 \times 10^{-17} \ \text{m}^2$$

③ 实验条件：1# 煤柱，轴压、围压为 5 MPa，瓦斯压力为 2.5 MPa，标况下稳定流量为 $7.3 \times 10^{-7}\,\text{m}^3/\text{s}$，实验温度为 $T = 303$ K，标准状态下 $T_{st} = 293$ K，$P_{st} = 1 \times 10^5$ Pa。拟压力曲线与图版拟合如图 4-38 所示，图版曲线参数为 $\eta = 1, \omega = 500, (F + \alpha) = 0.6$。

在拟合点处，$\varphi_{fD} = 1$，$\Delta\varphi_f = 8 \times 10^{16}$ Pa/s，则 $\left[\dfrac{\varphi_{fD}}{\Delta\varphi_f}\right]_M = 8 \times 10^{-16} [1/(\text{Pa} \cdot \text{s})]$。

则相应的煤样的渗透率为：

$$k = \frac{p_{st} q_{st} T}{2\pi r T_{st}} \left[\frac{\varphi_{fD}}{\Delta\varphi_f}\right]_M = \frac{1 \times 10^5 \times 7.3 \times 10^{-7} \times 303}{2 \times 3.14 \times 0.025 \times 293} \cdot \frac{1}{8 \times 10^{16}} = 1.16 \times 10^{-17} \ \text{m}^2$$

利用稳态法测定的煤样渗透率为：

$$k = \frac{2\mu p_0 Q_0 L}{A(p_2^2 - p_1^2)} = \frac{2 \times 1.1 \times 10^{-5}\, 1 \times 10^5 \times 7.3 \times 10^{-7} \times 0.1}{1.96 \times 10^{-3}(2.5 \times 10^6 \times 2.5 \times 10^6 - 1 \times 10^5 \times 1 \times 10^5)}$$
$$= 1.32 \times 10^{-17} \ \text{m}^2$$

④ 实验条件：2# 煤柱，轴压、围压为 5 MPa，瓦斯压力为 1.5 MPa，标况下稳定流量为 $8 \times 10^{-7}\,\text{m}^3/\text{s}$，实验温度为 303 K，标准状态下 $T_{st} = 293$ K，$P_{st} = 1 \times 10^5$ Pa。拟压力曲线与

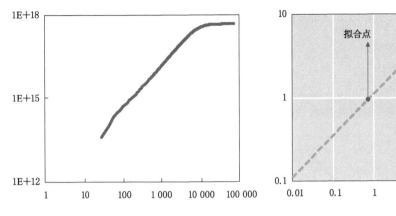

图 4-38　瓦斯压力恢复曲线图版拟合（1[#]煤柱，2.5 MPa）

图版拟合如图 4-39 所示，图版曲线参数为 $\eta = 1, \omega = 500, (F + \alpha) = 0.6$。

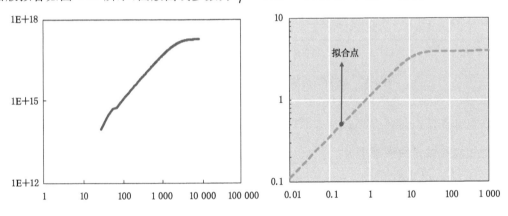

图 4-39　瓦斯压力恢复曲线图版拟合（2[#]煤柱，1.5 MPa）

当 $\varphi_{fD} = 0.5$ 时，$\Delta \varphi_f = 2 \times 10^{16}$ Pa/s，则 $\left[\dfrac{\varphi_{fD}}{\Delta \varphi_f}\right]_M = 4 \times 10^{-16} [1/(\text{Pa/s})]$。

相应的煤样的渗透率为：

$$k = \frac{p_{st} q_{st} T}{2 \pi r T_{st}} \left[\frac{\varphi_{fD}}{\Delta \varphi_f}\right]_M = \frac{1 \times 10^5 \times 8 \times 10^{-7} \times 303}{2 \times 3.14 \times 0.025 \times 293} \cdot \frac{1}{4 \times 10^{16}} = 2.54 \times 10^{-17} \text{ m}^2$$

利用稳态法测定的煤样渗透率为：

$$k = \frac{2 \mu p_0 Q_0 L}{A (p_2^2 - p_1^2)} = \frac{2 \times 1.1 \times 10^{-5} \times 1 \times 10^5 \times 8 \times 10^7 \times 0.1}{1.96 \times 10^{-3} (1.5 \times 10^6 \times 1.5 \times 10^6 - 1 \times 10^5 \times 1 \times 10^5)}$$

$$= 4.03 \times 10^{-17} \text{ m}^2$$

⑤ 实验条件：2[#]煤柱，轴压、围压 5 MPa，瓦斯压力 2 MPa，标准状况下稳定流量为 6.67×10^{-7} m³/s，实验温度为 $T = 303$ K，标准状态下 $T_{st} = 293$ K，$P_{st} = 1 \times 10^5$ Pa。拟压力曲线与图版拟合如图 4-40 所示，图版曲线参数为 $\eta = 1, \omega = 500, (F + \alpha) = 0.6$。

当 $\varphi_{fD} = 0.5$ 时，$\Delta \varphi_f = 3 \times 10^{16}$ Pa/s，则 $\left[\dfrac{\varphi_{fD}}{\Delta \varphi_f}\right]_M = 6 \times 10^{-16} [1/(\text{Pa/s})]$。

相应的煤样的渗透率为：

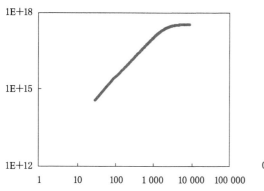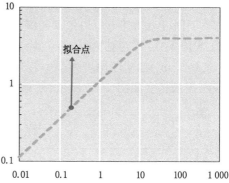

图 4-40　瓦斯压力恢复曲线图版拟合（2# 煤柱，2 MPa）

$$k = \frac{p_{st}q_{st}T}{2\pi rT_{st}}\left[\frac{\varphi_{fD}}{\Delta\varphi_f}\right]_M = \frac{1\times10^5\times6.67\times10^{-7}\times303}{2\times3.14\times0.025\times293} \cdot \frac{1}{8\times10^{16}} = 1.42\times10^{-17}\ \mathrm{m^2}$$

利用稳态法测定的煤样渗透率为：

$$k = \frac{2\mu p_0 Q_0 L}{A(p_2^2 - p_1^2)} = \frac{2\times1.1\times10^{-5}\times1\times10^5\times6.67\times10^7\times0.1}{1.96\times10^{-3}(2.5\times10^6\times2.5\times10^6 - 1\times10^5\times1\times10^5)}$$
$$= 1.89\times10^{-17}\ \mathrm{m^2}$$

⑥ 实验条件：2# 煤柱，轴压、围压为 5 MPa，瓦斯压力为 2.5 MPa，标况下稳定流量为 $1.07\times10^{-6}\ \mathrm{m^3/s}$，实验温度为 $T = 303\ \mathrm{K}$，标准状态下 $T_{st} = 293\ \mathrm{K}$，$P_{st} = 1\times10^5\ \mathrm{Pa}$。拟压力曲线与图版拟合如图 4-41 所示，图版曲线参数为 $\eta = 1$，$\omega = 500$，$(F+\alpha) = 0.6$。

当 $\varphi_{fD} = 0.5$ 时，$\Delta\varphi_f = 6\times10^{16}\ \mathrm{Pa/s}$，则 $\left[\frac{\varphi_{fD}}{\Delta\varphi_f}\right]_M = 12\times10^{-16}\ [1/(\mathrm{Pa/s})]$。

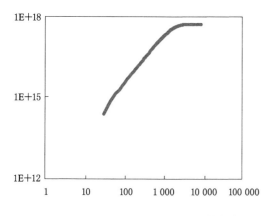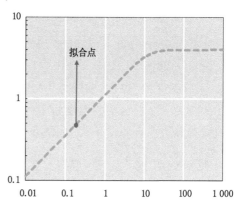

图 4-41　瓦斯压力恢复曲线图版拟合（2# 煤柱，2.5 MPa）

相应的煤样的渗透率为：

$$k = \frac{p_{st}q_{st}T}{2\pi rT_{st}}\left[\frac{\varphi_{fD}}{\Delta\varphi_f}\right]_M = \frac{1\times10^5\times1.07\times10^{-6}\times303}{2\times3.14\times0.025\times293} \cdot \frac{1}{12\times10^{16}} = 1.14\times10^{-17}\ \mathrm{m^2}$$

利用稳态法测定的煤样渗透率为：

$$k = \frac{2\mu p_0 Q_0 L}{A(p_2^2 - p_1^2)} = \frac{2\times1.1\times10^{-5}\times1\times10^5\times1.07\times10^6\times0.1}{1.96\times10^{-3}(2.5\times10^6\times2.5\times10^6 - 1\times10^5\times1\times10^5)}$$

$$= 1.93 \times 10^{-17} \text{ m}^2$$

（2）不同应力条件下压力恢复法煤样渗透率计算与对比

① 实验条件：1#煤柱，轴压为 7 MPa，围压为 5 MPa，瓦斯压力为 1 MPa，标况下稳定流量为 2×10^{-7} m³/s，实验温度为 $T = 303$ K，标准状态下 $T_{st} = 293$ K，$P_{st} = 1 \times 10^5$ Pa。拟压力曲线与图版拟合如图 4-42 所示，图版曲线参数为 $\eta = 70$，$\omega = 500$，$(F + \alpha) = 0.6$。当 $\varphi_{fD} = 1$ 时，$\Delta\varphi_f = 1 \times 10^{16}$ Pa/s，则 $\left[\dfrac{\varphi_{fD}}{\Delta\varphi_f}\right]_M = 1 \times 10^{-16}$ [1/(Pa·s)]。

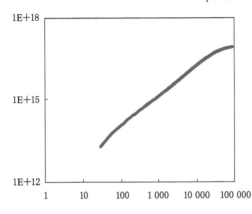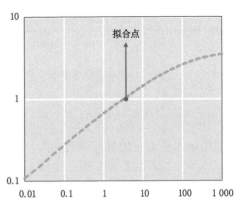

图 4-42　瓦斯压力恢复曲线图版拟合（1#煤柱，轴压 7 MPa）

相应的煤样的渗透率为：

$$k = \frac{p_{st} q_{st} T}{2\pi r T_{st}}\left[\frac{\varphi_{fD}}{\Delta\varphi_f}\right]_M = \frac{1 \times 10^5 \times 2 \times 10^{-7} \times 303}{2 \times 3.14 \times 0.025 \times 293} \cdot \frac{1}{1 \times 10^{16}} = 2.54 \times 10^{-17} \text{ m}^2$$

利用稳态法测定的煤样渗透率为：

$$k = \frac{2\mu p_0 Q_0 L}{A(p_2^2 - p_1^2)} = \frac{2 \times 1.1 \times 10^{-5} \times 1 \times 10^5 \times 2 \times 10^{-7} \times 0.1}{1.96 \times 10^{-3}(1 \times 10^6 \times 2.5 \times 10^6 - 1 \times 10^5 \times 1 \times 10^5)}$$
$$= 2.28 \times 10^{-17} \text{ m}^2$$

② 实验条件：1#煤柱，轴压为 9 MPa，围压为 5 MPa，瓦斯压力为 1 MPa，标况下稳定流量为 6.67×10^{-8} m³/s，实验温度为 $T = 303$ K，标准状态下 $T_{st} = 293$ K，$P_{st} = 1 \times 10^5$ Pa。拟压力曲线与图版拟合如图 4-43 所示，图版曲线参数为 $\eta = 100$，$\omega = 500$，$(F + \alpha) = 0.6$。当 $\varphi_{fD} = 1$ 时，$\Delta\varphi_f = 1 \times 10^{16}$ Pa/s，则 $\left[\dfrac{\varphi_{fD}}{\Delta\varphi_f}\right]_M = 1 \times 10^{-16}$ [1/(Pa·s)]。

相应的煤样的渗透率为：

$$k = \frac{p_{st} q_{st} T}{2\pi r T_{st}}\left[\frac{\varphi_{fD}}{\Delta\varphi_f}\right]_M = \frac{1 \times 10^5 \times 6.67 \times 10^{-8} \times 303}{2 \times 3.14 \times 0.025 \times 293} \cdot \frac{1}{1 \times 10^{16}} = 8.4 \times 10^{-18} \text{ m}^2$$

利用稳态法测定的煤样渗透率为：

$$k = \frac{2\mu p_0 Q_0 L}{A(p_2^2 - p_1^2)} = \frac{2 \times 1.1 \times 10^{-5} \times 1 \times 10^5 \times 6.67 \times 10^{-8} \times 0.1}{1.96 \times 10^{-3}(1 \times 10^6 \times 1 \times 10^6 - 1 \times 10^5 \times 1 \times 10^5)}$$
$$= 7.60 \times 10^{-18} \text{ m}^2$$

③ 实验条件：1#煤柱轴压为 11 MPa，围压为 5 MPa，瓦斯压力为 1 MPa，标况下稳定流量为 6.67×10^{-8} m³/s，实验温度为 $T = 303$ K，标准状态下 $T_{st} = 293$ K，$P_{st} = 1 \times 10^5$ Pa。拟

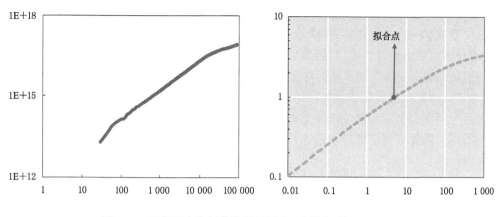

图 4-43   瓦斯压力恢复曲线图版拟合(1#煤柱,轴压 9 MPa)

压力曲线与图版拟合如图 4-44 所示,图版曲线参数为 $\eta = 150$,$\omega = 500$,$(F+\alpha) = 0.6$。当 $\varphi_{fD} = 1$ 时,$\Delta\varphi_f = 1 \times 10^{16}$ Pa/s,则 $\left[\dfrac{\varphi_{fD}}{\Delta\varphi_f}\right]_M = 1 \times 10^{-16} [1/(\text{Pa/s})]$。

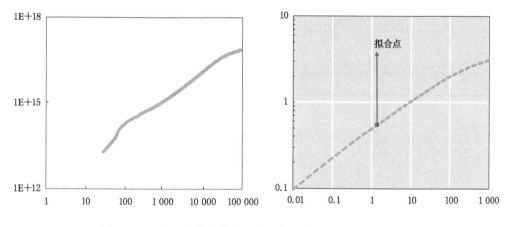

图 4-44   瓦斯压力恢复曲线图版拟合 (1#煤柱,轴压 11 MPa)

相应的煤样的渗透率为:

$$k = \frac{p_{st} q_{st} T}{2\pi r T_{st}} \left[\frac{\varphi_{fD}}{\Delta\varphi_f}\right]_M = \frac{1 \times 10^5 \times 6.67 \times 10^{-8} \times 303}{2 \times 3.14 \times 0.025 \times 293} \cdot \frac{1}{1 \times 10^{16}} = 8.4 \times 10^{-18} \text{ m}^2$$

利用稳态法测定的煤样渗透率为:

$$k = \frac{2\mu p_0 Q_0 L}{A(p_2^2 - p_1^2)} = \frac{2 \times 1.1 \times 10^{-5} \times 1 \times 10^5 \times 6.67 \times 10^{-8} \times 0.1}{1.96 \times 10^{-3}(1 \times 10^6 \times 1 \times 10^6 - 1 \times 10^5 \times 1 \times 10^5)} = 7.6 \times 10^{-18} \text{ m}^2$$

4.6   煤样瓦斯压力恢复法与稳态法渗透率测定结果对比

利用两种方法测定煤样渗透率的结果对比如表 4-5 所示。通过对比可以看出,利用压力恢复法测得煤样渗透率的结果与稳态法法测定的结果相差不大,绝对差值最大为 -1.49×10^{-17},最小为 -0.16×10^{-17},且根据两种方法评价煤样渗透率的结果相同。由此可以证明用压力恢复法测定煤渗透率的结果可靠,方法可行。另外,通过实验结果可以看出,随着瓦斯压力的增大,与实测压力恢复曲线相拟合的 φ_{fD}-t_D 曲线越来越与无限大不稳定渗流条件下的 φ_{fD}-t_D 曲线相接近,即 η 值越来越小,这与 3.2.2 小节同数值分析得到的结论相同。通过实验结果还可以看出,随着应力的增加煤样渗透率会越来越小,与实测压力恢复曲线相拟合的 φ_{fD}-t_D 曲线越来越偏离无限大不稳定渗流条件下的 φ_{fD}-t_D 曲线,即 η 值越来越大,这也与 3.2.2 小节同数值分析得到的结论相同。这证明了理论分析与实验结果是相符的。现场利用压力恢复法测定煤样渗透率的过程与实验条件下的过程相似,实验室实验为现场利用压力恢复法测定煤样渗透率打下了良好的基础。

表 4-5 两种方法测定渗透率结果对比

序号	稳态法	压力恢复曲线法	差值	相对误差
1	1.66×10^{-17}	2.10×10^{-17}	0.44×10^{-17}	26.51%
2	1.13×10^{-17}	1.70×10^{-17}	0.57×10^{-17}	50.44%
3	1.32×10^{-17}	1.16×10^{-17}	-0.16×10^{-17}	-12.12%
4	2.28×10^{-17}	2.54×10^{-17}	0.26×10^{-17}	11.40%
5	7.60×10^{-18}	8.40×10^{-18}	0.80×10^{-18}	10.53%
6	7.60×10^{-18}	8.40×10^{-18}	0.80×10^{-18}	10.53%
7	4.03×10^{-17}	2.54×10^{-17}	-1.49×10^{-17}	-36.97%
8	1.89×10^{-17}	1.42×10^{-17}	-0.47×10^{-17}	-24.87%
9	1.93×10^{-17}	1.14×10^{-17}	-0.79×10^{-17}	-40.93%

4.7 本章小结

(1) 由于煤矿现场条件复杂,压力恢复曲线测定周期长,难以控制边界条件和验证测定结果的可靠性,因此研制了煤样瓦斯压力恢复过程测定系统。该系统能够测定不同瓦斯压力、不同应力条件下瓦斯压力恢复曲线,同时能够用稳态法测定煤样渗透率。

(2) 根据第三章建立的瞬时扩散-线性渗流模型,建立了基于实验压力恢复曲线的渗透率解算方法。

(3) 用自主研制煤样瓦斯压力恢复过程测定系统,测定了不同孔隙压力、不同应力、不同裂隙发育程度煤样的瓦斯压力恢复曲线,在测定压力恢复曲线的同时,用稳态法测定了煤样的渗透率,并对比了两种方法测定渗透率的结果。结果表明,利用压力恢复法测得煤样渗透率的结果与用稳态法测定的结果相差不大,绝对差值最大为 -1.49×10^{-17},最小为 -0.16×10^{-17}。由此可以证明用压力恢复法测煤样渗透率的结果可靠,方法可行。另外由实验结果可以看出随着瓦斯压力、应力的变化,与实测压力恢复曲线相拟合的 φ_{fD}-t_D 曲线的变化,与 3.2.2 小节同数值分析得到的结论相同,这证明了理论分析与实验结果是相符的。现场通过压力恢复法测定煤样渗透率的过程与实验条件下的过程相似,实验室实验为现场通过压力恢复法测定煤层渗透率打下了良好的基础。

5 现场煤层瓦斯压力恢复曲线测定与分析

根据现场测定的需要,研发了测定井下煤层钻孔瓦斯压力恢复曲线的小型设备。该设备主要装置为 DDI 型自存储式电子压力计,其能自动采集压力恢复过程中压力的变化数据,并可设定采集数据的时间间隔,利用该设备在古汉山矿 1604 工作面测定了煤层钻孔瓦斯压力恢复曲线。在测定压力恢复曲线之前,观测了古汉山矿煤层的裂隙发育特征,并根据裂隙发育特征布置了钻孔的方向。煤矿井下存在着不同瓦斯流场(线性、径向、球向流场),现场测定煤层渗透率应根据实际情况选择能够反映其流场的数学模型。本次利用底板巷穿层钻孔测定的煤层瓦斯压力恢复曲线,符合径向流场的基本假设,因此,本章根据第三章建立的瞬时扩散-径向流模型及绘制的渗透率计算图版,建立了基于煤层钻孔瓦斯压力恢复曲线的煤层渗透率解算方法,并对测定的瓦斯压力恢复曲线进行了解释,得到了古汉山矿二$_1$煤层渗透率,同时对渗透率可靠性进行了评价。

5.1 煤层瓦斯压力恢复现场测定

5.1.1 研究区煤层裂隙分布特征

煤层渗透性与裂隙的发育程度息息相关。裂隙是瓦斯主要的运移通道,如煤层裂隙发育,且形成网络结构,煤层渗透性就非常好;相反如果煤层裂隙不发育或不能形成相互贯通的网络,煤层的瓦斯渗透性就不会好,相应的,煤层瓦斯不易被抽采,同时可能成为煤层气开发的禁区。研究煤层中的裂隙发育特征,主要目的是找出裂隙最优方位,为下一步测定钻孔压力恢复曲线服务,沿裂隙的最优方位,煤层渗透性是最大的,所以在设计瓦斯压力恢复曲线测定钻孔时,沿垂直于裂隙最优方位和平行于裂隙最优方位测定的煤层渗透率应不同。煤中宏观裂隙具有一定的地质背景及形成条件,所形成的节理或裂隙具有不同特征。根据区域构造演化、古汉山矿的构造特征、瓦斯赋存特征,可将井田划分为 3 个地质单元[195-196]:① 西翼地质单元(地质单元Ⅰ),该地质单元由西南部的界碑正断层(走向 NE30°,倾向 NW)、西北部的魏村正断层、东南部的油坊断层包围,东北部毗邻 12 采区的采空区,该地质单元包括 14 和 16 采区。② 中部地质单元(地质单元Ⅱ),该地质单元西北部发育小凤凹正断层,中部发育团相正断层,东北部是 15 采区,-100 m 煤层底板等高线是东南部界限,该地质单元包括 11、12 和 13 采区。③ 东部地质单元(地质单元Ⅲ),该地质单元北部以古汉山断层为界,西北部与张屯矿毗邻,东南部以-1 000 m 底板等高线为界,该地质单元包括 15 采区。为了得到古汉山矿二$_1$煤层优势裂隙发育方向,随工作面的推进,采用测线法与窗口法相结合的方法,记录所观测的裂隙的产状,然后绘制玫瑰花图,确定节理的优势方位,瓦斯压力恢复曲线的位置为 1604 工作面底板抽采巷,位于地质单元Ⅰ,因此主要观察地质单元Ⅰ煤层裂隙特征,观察时期,地质单元Ⅰ主要生产的工作面主要有 14171 工作面和

16021 掘进工作面,为主要的裂隙观察区域。井下观测步骤如下:

（1）首先要分析记录观察工作面每天的统尺,在有裂隙发育的煤壁上选择适当的位置作为观测窗口,记录相应支架的序号,测量观测窗口的长与宽、距顶板的距离。其次,观测窗口内的裂隙条数,根据裂隙倾向、倾角分组,然后用地质罗盘测每条裂隙的倾向和倾角,用直尺测量裂隙长度,同时观测裂隙的连通情况以及有无充填物,把观测内容记录在纸上。最后,放参照物,用防爆相机拍照。

（2）观测完一个地方以后,继续在工作面的煤壁上查看有裂隙发育的地方,按照步骤（1）观测记录裂隙,先观测运输巷,接着观测回风巷。

（3）重复以上观察,每天在检修班时进行观测。

部分观察结果如图 5-1 所示。为得到地质单元I的裂隙优势方位,收集整理 14171 工作面、16021 掘进工作面所有观测数据,画成节理倾向玫瑰花图和走向玫瑰花图,如图 5-2 所示。

顶板裂隙

极发育裂隙　　　倾向NE的裂隙　　　倾向SW的裂隙

图 5-1　14171 工作面顶板、运输巷煤壁上的裂隙(部分结果)

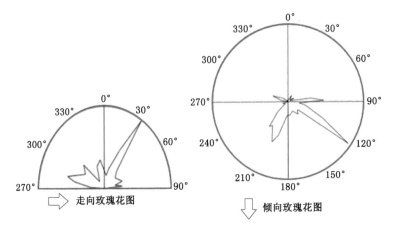

图 5-2　地质单元 I 裂隙玫瑰花图

由图 5-2 可以看出地质单元 I 裂隙在走向上,N35°E 裂隙居多,是该区裂隙的优势方位。倾向主要有 SE60°、SW40°两组优势方位。在相同的地质单元,其内部裂隙发育往往具有相同的发育规律。因此在地质单元Ⅰ内,裂隙走向优势发育方位主要是 NE35°。因此,垂直于 NE35°向的渗透率应该大于其他方向。

5.1.2　煤层瓦斯压力恢复曲线测定过程

（1）测试地点概况

古汉山矿煤层瓦斯压力恢复曲线试验地点选在 1604 工作面底板抽采巷,从 1604 工作面底抽巷向上方二₁煤层施打钻孔。1604 工作面底抽巷位于 16 采区西翼,1604 工作面底抽巷总长度为 1 308 m,其中掩护 1604 工作面运输巷段长 1 018.6 m,掩护开切眼段 164.4 m,车场段长度 125 m。该巷道所处地区整体地质构造较为简单,煤层赋存稳定,巷道位于煤层底板,巷道距煤层底板最小法线距离在 6.5 m 以上,16041 工作面位于 1604 工作面底抽巷上方,16041 工作面煤层最薄 4.8 m,最厚 6.5 m,平均厚度 5.5 m,变异性系数 15%。该工作面煤层最大倾角 11°,最小倾角 3°,平均倾角 8°,煤层角度变化较大。

（2）瓦斯压力恢复曲线测定设备与方法

随着科学技术的发展,计算机和高精度的压力测定仪器不断面世,为瓦斯压力恢复曲线获得提供良好的技术支撑。为准确、快速采集钻孔内的瓦斯压力变化,且使整套设备小型化,适用于井下测定,采用了加拿大生产的 DDI 型自存储式电子压力计(如图 5-3 所示)作为核心部件,设计了井下测定瓦斯压力恢复数据的小型装置。DDI 型自存储式电子压力计,是由加拿大金加公司设计制造的用于油气井压力/温度测试的新一代电子压力计,其特点如下。

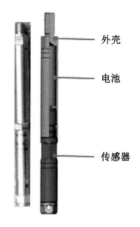

图 5-3　DDI 型自存储式电子压力计

① 抗震性良好:电路板采用特殊的专利技术设计组装,该电子压力计有良好的抗震性能。

② 耗电少、储存量大:使用一个 3.9 V 电池,可采满 50 万套数据点,可持续使用大约 1 年。

③ 稳定性好:该仪器的探头材质为硅宝石或石英晶体,仪器具有很好的线性和重复性。

④ 精度高:硅蓝宝石探头精度为 0.05%,石英探头精度为 0.02%。

⑤ 防腐性能好:外壳材料为 Inconel 718 镍铬合金或 17-4 不锈钢,取决于实际应用环境。普通或高防硫化氢、二氧化碳等腐蚀介质。

　　除此之外,该压力计具有防爆功能,可以自动采集和储存流体压力变化,能够准确、连续记录钻孔内瓦斯压力、温度随时间的变化,并且瓦斯压力的时间间隔可以根据需要从几秒钟到数小时进行设定,每个压力点的时间间隔可以根据需要人为设定,电子压力计具有自储存、自记录能力,避免了人工记录造成的误差。在现场测定过程中将自存储式电子压力计放到直径 19 mm 钢管中即可(如图 5-4 所示),该压力计存储能力强,可以连续采集上百万个压力点,能够满足煤矿现场需求。

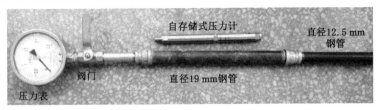

图 5-4　压力采集装置实物图

　　自存储式电子压力计在入井之前应做以下准备:

　　① 压力计编程:连接电子压力计和电脑,打开 Omega gateway 1.04 软件,图形主界面如图 5-5 所示,从图形界面上打开编程窗口(如图 5-6 所示),输入采样间隔和总时间值,点击"写入",键入需要的每次采集瓦斯压力的时间间隔,此时工具编程完毕。

图 5-5　Omega gateway 1.04 图形主界面

　　② 测量电池电压,确保在标称的电压(±0.2 V)以内。

　　③ 拆开电子压力计外筒。

　　④ 注意检查各丝扣是否干净。

　　⑤ 螺纹和 O 圈涂抹少量润滑脂。

　　⑥ 导锥里充入润滑脂,装满一半即可。

　　⑦ 将导锥拧紧、清洁,插上电池,接口的红点处对齐,记录开始时间。

　　⑧ 将压力计垂直放入电池外筒,防止磕碰,先用手拧紧,再用扳手拧,但要防止 O 圈脱

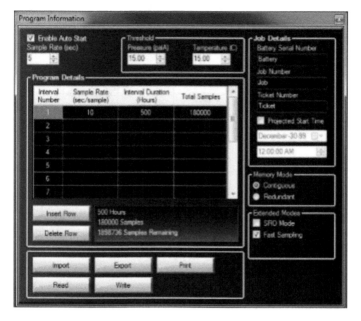

图 5-6　编程界面

落,不需要太大的力量。

（3）钻孔布置与测定方法

由地质单元Ⅰ裂隙的观测结果可得出,该地质单元内裂隙走向主要为 NE35°。明确煤层裂隙发育最优方位后,瓦斯压力恢复曲线钻孔的布置方向,一个与裂隙的最优方位垂直（如图 5-7 所示）,另一个与裂隙的最优方位平行,裂隙最优方位的渗透率应大于平行于最优方位的渗透率。这样布置一方面可以最大限度地保证能测定到最大的渗透率,另一方面可以验证瓦斯压力恢复曲线测定渗透率的可靠性。测试地点选在古汉山矿 1604 工作面底板抽采巷 2# 钻场,钻孔瓦斯压力恢复法煤层渗透率测定示意图如图 5-8 所示。

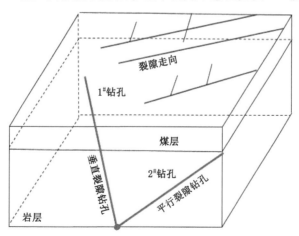

图 5-7　钻孔布置示意图

具体操作过程如下:

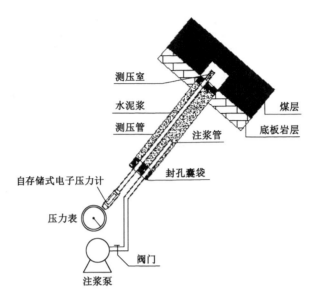

图 5-8　钻孔瓦斯压力恢复法煤层渗透率测定示意图

①　从 1604 工作面底板抽采巷 2# 钻场向二₁煤层打两穿层钻孔 1# 和 2# 钻孔,施工参数、煤层参数见表 5-1。钻孔结束后,用水冲洗钻孔,清除孔中的煤屑。

②　在底板巷穿层钻孔中放内径 12.5 mm 无缝钢管作为导气管,采用"两堵一注"囊袋式封孔器封孔,囊袋式封孔器可依靠注浆压力使封孔材料填满煤层中的裂隙,且可以随孔径的变化而变化,可以做到无缝隙全密封。

③　封孔完毕且封孔牢固后应测定钻孔瓦斯流量,待流量稳定后停止测量。

④　流量测定结束后,在内径 12.5 mm 无缝钢管上连接一段 300 mm 长内径 19 mm 的无缝钢管,管内放入 DDI－O－100－0.75 型存储式电子压力计,每分钟自动记录一次钻孔内瓦斯压力大小,在 19 mm 的无缝钢管末端连接机械压力表,用于与电子压力计数据做对比。

表 5-1　施工钻孔和煤层的基本参数

孔号	钻孔长/m	煤孔长/m	钻孔倾角/(°)	钻孔方位角/(°)	钻孔测压室长度/m	煤厚/m
1#	38	6	30	125	1	5
2#	35	6	25	35	1	5

5.1.3　煤层瓦斯压力恢复曲线测定结果

DDI 自存储式电子压力计能自动记录、自动储存钻孔内瓦斯压力的变化数据,但为能直观了解钻孔瓦斯压力的变化,每天观测安装在钻孔上的压力表示数的变化,待压力稳定,卸下压力表,拿出 DDI 自存储式电子压力计,打开压力计通过专用的带有 USB 接口导线与装有 Omega gateway 1.04 软件的电脑相连,打开界面,通过界面依次点击"开始""进行采样""图形"可以查看随着时间变化压力、温度的数据图形(如图 5-9 所示)。

点击"开始""下载"出现数据下载界面(如图 5-10 所示),通过数据下载界面可以下载储

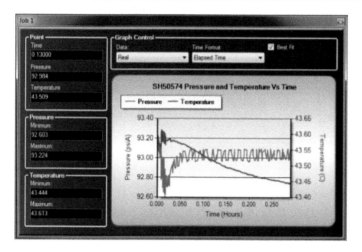

图 5-9　数据图形显示界面

存的随时间变化的离散压力和温度数据点（如图 5-11 所示）。将导出的数据复制到 Excel
软件中就可以绘制出压力恢复曲线（如图 5-12 至图 5-13 所示）。

图 5-10　数据下载界面

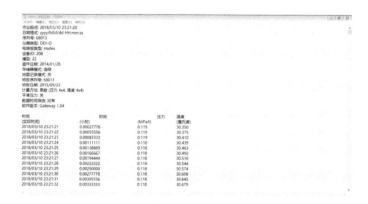

图 5-11　数据文件

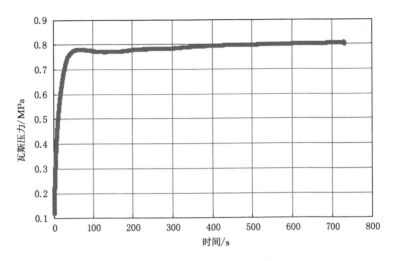

图 5-12　1#钻孔压力恢复曲线

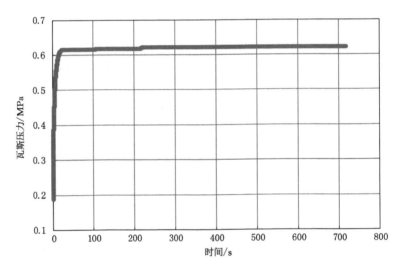

图 5-13　2#钻孔压力恢复曲线

5.2　煤层瓦斯压力恢复过程分析与渗透率解算

5.2.1　煤层瓦斯压力恢复分析方法

在油气藏开发过程中储层的渗透率是极其重要的参数,一口新气(油)井,如何开采最为合理? 如何开发才能取得最好的效果或效益,渗透率是进行评判的重要依据。油气藏开发过程中测定渗透率主要采用试井的方式,而试井方式测试渗透率也经历了由"常规试井解释方法"到"现代试井解释方法"的发展历程。在 20 世纪 50—70 年代,半对数曲线分析方法被普遍采用进行试井解释,即所谓的"常规试井解释方法"。该方法起过,且现在仍旧起着非常好的作用,但该方法有非常大的局限性。例如,测不到半对数直线段。即使直线段出现了,直线段从什么时间开始、什么时间结束也难于确定;当出现多条直线段时,很难判读用哪条直线进行试井解释,而判断是对还是错,又没有很好的方法进行检验。20 世纪 70 年代后期,将系统方法引入了试井解释,建立了比较完整的试井解释方法,即所谓的"现代试井解释方法"。现代试井解释方法主要有如下特点[115-117]:

① 系统分析的概念和数值模拟的方法被引入试井解释。

② 建立了图版拟合分析方法,从试井资料的整体上进行分析研究,从而得到方法内容丰富、精度高的分析结果。

③ 对常规试井方法有了新的发展,提出了判断半对数直线段出现的方法。

因此,本章借鉴油气井试井测定储层渗透率的方法,结合第三章建立的煤层瓦斯瞬时扩散-径向渗流方程,建立了井下钻孔压力恢复法测定煤层渗透率的方法,以期更准确地测定煤层渗透特性。按照流动方向,瓦斯在煤层中的流动状态可分为线性流动、径向流动和球向流动。一般情况下,钻孔周围瓦斯的流动状态与径向瓦斯流的基本假设相一致(见图 5-14)。

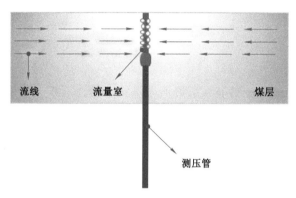

图 5-14　钻孔瓦斯流场示意图

因此本章采用径向流模型来描述钻孔周围瓦斯流动场,根据第三章创建的瓦斯瞬时扩散-径向渗流方程,建立钻孔瓦斯压力恢复法测定煤层渗透率的方法。

(1) 图版法

该方法与第四章里计算实验条件下的煤样渗透率的方法大致相同,这里不再赘述,不同点是计算渗透率的公式有所不同。瓦斯瞬时扩散-径向渗流条件下,计算煤层渗透率的公式如下:

$$k = \frac{p_{st} q_{st} T}{\pi h T_{st}} \left[\frac{\varphi_{fD}}{\Delta \varphi_f} \right]_M \tag{5-1}$$

(2) MDH 法

对 φ_{fD} 与 t_D 进行回归分析可以得出, φ_{fD} 与 t_D 的关系可以用对数函数来描述,即

$$\varphi_{fD} = A t_D + B \tag{5-2}$$

将瞬时扩散-径渗流条件下 φ_{fD} 与 t_D 的有量纲表达式代入式(5-2)得:

$$\frac{\pi k h T_{st}}{p_{st} q_{st} T} (\varphi_i - \varphi_f) = A \ln \frac{kt}{\varphi \mu C_f h^2} + B \tag{5-3}$$

$$(\varphi_i - \varphi_f) = \frac{p_{st} q_{st} T A}{\pi k h T_{st}} \left[\ln \frac{kt}{\varphi \mu C_f h^2} + B \right] \tag{5-4}$$

$$\varphi_f = \varphi_i - \frac{p_{st} q_{st} TA}{\pi k h T_{st}} \left[\ln \frac{kt}{\varphi \mu C_f h^2} + B \right] \tag{5-5}$$

式(5-5)是无限大煤层瞬时扩散-径向渗流条件下的压力降落表达式,通过叠加原理可以得到相应的压力恢复表达式。设在无限大煤层径向流条件下瓦斯以流量 q_{st} 从钻孔中流出,时间 t_p 以后钻孔封闭并开始压力恢复,不再有气体从钻孔流出,则从渗流力学观点来看,可以认为瓦斯仍以流量 q_{st} 从系统流出,但是从 t_p 时刻开始从出口以流量 q_{st} 向煤体注入瓦斯,则这时煤体内的压力等于两者的叠加从而得到压力恢复公式:

$$\varphi_f = \varphi_i - \frac{p_{st} q_{st} TA}{\pi k h T_{st}} \left[\ln \frac{k(t+t_p)}{\varphi \mu C_f h^2} + B \right] + \frac{p_{st} q_{st} TA}{\pi k h T_{st}} \left[\ln \frac{kt}{\varphi \mu C_f h^2} + B \right] \tag{5-6}$$

$$\varphi_f(t) = \varphi_i - \frac{A p_{st} q_{st} T}{\pi k h T_{st}} \ln \frac{t}{t+t_p} \tag{5-7}$$

$$\varphi_f(t) = \varphi_i + \frac{0.733 A p_{st} q_{st} T}{\pi k h T_{st}} \lg \frac{t}{t+t_p} \tag{5-8}$$

由式(5-8)可以看出 φ_f 与 $\lg \dfrac{t}{t+t_p}$ 呈直线关系,令该直线斜率为 H,则:

$$H = \frac{0.733 A p_{st} q_{st} T}{\pi k h T_{st}} \tag{5-9}$$

其中 H 也可由 φ_f 与 $\lg t$ 的直线段近似求得(MDH 法),根据求得的斜率 H,可求出渗透率 k:

$$k = \frac{0.733 A p_{st} q_{st} T}{\pi H h T_{st}} \tag{5-10}$$

5.2.2 煤层渗透率解算

(1)基于 1# 钻孔瓦斯压力恢复曲线的煤层渗透率解算

① 图版法计算渗透率

测得的 1# 钻孔的标况下稳定流量为 0.002 638 9 m^3/s,在测量流量后,装上自存储式电子压力计和压力表,钻孔封闭,开始压力恢复,测定钻孔压力恢复曲线。将压力数据转换成拟压力形式,并取双对数坐标轴,与瞬时扩散-径向渗流模型条件下的图版拟合。1# 钻孔拟压力与图版的拟合结果如图 5-15 所示。

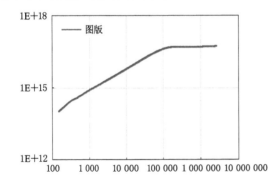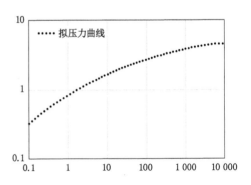

图 5-15 拟压力曲线与图版拟合(1# 钻孔)

相对压力恢复时间,压力压降时间比较短,因此压力恢复曲线只能部分与典型图版重合。由图 5-15 可以得出,在拟合点处,当 $\varphi_{fD}=1$ 时,$\Delta\varphi_f = 2 \times 10^{16}$,相应的,煤层渗透率为:

$$k = \frac{p_{st}q_{st}T}{\pi h T_{st}}\left[\frac{\varphi_{fD}}{(\Delta\varphi_f)}\right]_M = \frac{1 \times 10^5 \times 0.002\ 638\ 9 \times 298}{3.14 \times 1 \times 293} \cdot \frac{1}{2 \times 10^{16}}$$

$$= 1.71 \times 10^{-14}\,\text{m}^2 = 17.1\ \text{mD}$$

② MDH 法计算渗透率

$1^{\#}$ 钻孔瓦斯压力恢复曲线的 MDH 曲线如图 5-16 所示。由图 5-16 可以看出直线段的范围,通过直线段可计算出该直线段的斜率:

$$h = \frac{5.3 \times 10^{16} - 4.93 \times 10^{16}}{\lg(2\ 616\ 060) - \lg(720\ 090)} = 6.6 \times 10^{15}$$

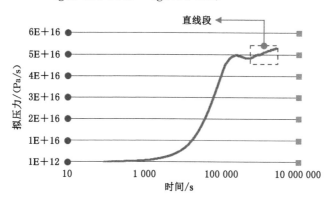

图 5-16　MDH 曲线($1^{\#}$ 钻孔)

则煤层渗透率为:

$$k = \frac{0.733 A p_{标}\, q_{标}\, T}{\pi H h T_{标}} = 1.29 \times 10^{-14}\,\text{m}^2 = 12.9\ \text{mD}$$

通过对比可以看出两种方法计算结果相差不大,说明通过压力恢复曲线解算得出的煤层渗透率较为可靠,在垂直于区域裂隙走向方向上的煤层渗透性较好,本次测定的煤层渗透率为 12.9～17.1 mD。

(2) 基于 $2^{\#}$ 钻孔瓦斯压力恢复曲线的煤层渗透率解算

由图 5-17 可以得出,在拟合点处,当 $\varphi_{fD} = 1$ 时,$\Delta\varphi_f = 3 \times 10^{15}$,则煤层渗透率为:

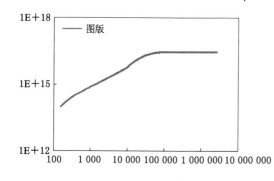
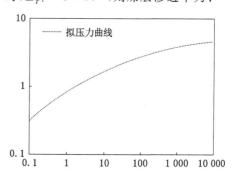

图 5-17　拟压力曲线与图版拟合($2^{\#}$ 钻孔)

$$k = \frac{p_{st}q_{st}T}{\pi h T_{st}}\left[\frac{\varphi_{fD}}{(\Delta\varphi_f)}\right]_M = \frac{1 \times 10^5 \times 0.000\ 613\ 426 \times 298}{3.14 \times 1 \times 293} \cdot \frac{1}{3 \times 10^{15}}$$

$$= 6.62 \times 10^{-15} \ \mathrm{m}^2 = 6.62 \ \mathrm{mD}$$

$2^\#$钻孔压力恢复曲线的 MDH 曲线如图 5-18 所示。由该图可以看出，MDH 曲线中没有出现直线段，因此不能用 MDH 法计算渗透率。综合以上分析可知，通过 $2^\#$ 钻孔测得的煤层渗透率为 6.62 mD。

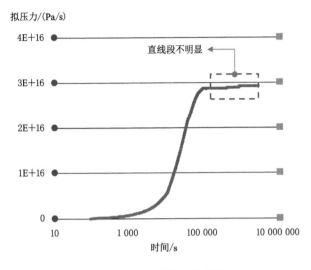

图 5-18　MDH 曲线（$2^\#$ 钻孔）

5.3　煤层瓦斯压力恢复法渗透率测定结果评价

钻孔瓦斯压力恢复法测定结果如表 5-2 所示。由该测定结果可知，垂直于区域裂隙方向的渗透率为 12.9~17.1 mD，平行于区域主裂隙方向的渗透率为 6.62 mD。由测定结果可以看出古汉山矿二$_1$煤层渗透率在裂隙不同方向存在各向异性。

国外将煤储层渗透率的大小划分为：① 高渗透率煤层，$k>10$ mD；② 中渗透率煤层，$1 \ \mathrm{mD}<k<10 \ \mathrm{mD}$；③ 低渗透率煤层，$k<1$ mD。由于我国地质条件复杂，成煤后受多期构造运动的影响，煤层渗透率普遍偏低，因此煤储层的渗透率划分相对国外的划分方法，分别降低 1 个数量级：① 高渗透率煤层，$k>1\mathrm{mD}$；② 中渗透率煤层，$0.1 \ \mathrm{mD}<k<1 \ \mathrm{mD}$；③ 低渗透率煤层 $k<0.1$ mD。根据该划分方法，古汉山矿二$_1$煤层为高渗透率煤层。

表 5-2　钻孔瓦斯压力恢复法测定煤层渗透率结果

钻孔	地质单元	主裂隙走向	与主裂隙方向的关系	渗透率
$1^\#$	I	NE35°	垂直	12.9~17.1 mD
$2^\#$	I	NE35°	平行	6.62 mD

中原油田在古汉山矿试验区施工了四口煤层气试验井（古 1 井至古 4 井），用 DST（Drill Stem Testing）技术测定了古汉山矿二$_1$煤层渗透率[197-198]。DST 又称钻杆测试，也是一种压力恢复测试[199-200]，它通过改变工作制度在井底造成一个压力扰动，该扰动会随时间不断地沿径向向煤储层扩展直至达到新的平衡，通过测试仪器记录扰动压力随时间的变化

规律,通过分析计算便可得到煤层的渗透率。煤层气 DST 测试设备如图 5-19 所示。

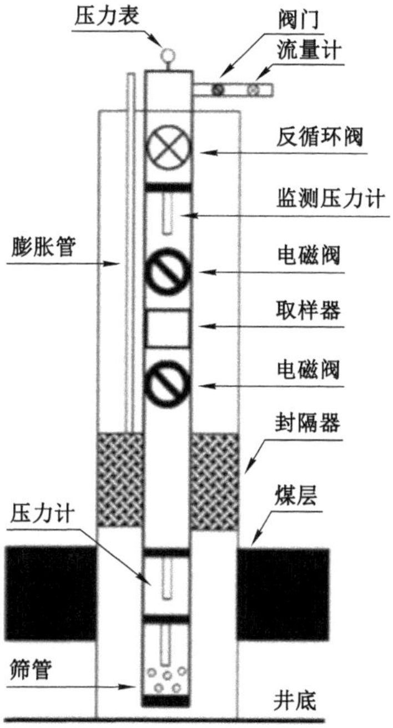

图 5-19 煤层气 DST 测试设备[193]

通过以上分析可以看出,煤层气 DST 测试方法测定煤层渗透率的基本原理与本章采用钻孔瓦斯压力恢复法测定煤层渗透率的原理相同,两种方法具有一定的可比性。DST 测试古汉山矿二₁煤层渗透率的结果表明,古汉山矿二₁煤层渗透率较高,为 1.56~82.62 mD,根据我国煤层渗透率划分标准,也为高渗透率煤层。测定结论与本次测定结果相同,从而也证明了本次利用钻孔瓦斯压力恢复法测定煤层渗透率结果的可靠性。

另外值得说明的是,本书在计算煤层渗透率时,利用的是煤层瓦斯排放初期的稳定流量和压力恢复曲线早期的数据,为了使瓦斯压力恢复曲线与图版更好地重合,应尽量增加流量的测定时间,相应地减少压力恢复的时间。

5.4 本章小结

(1) 本章在创建的无限大瞬时扩散-径向渗流模型的基础上,建立了现场条件下基于钻孔瓦斯压力恢复曲线的渗透率计算方法,渗透率计算公式如下:

① 图版法计算渗透率公式为:

$$k = \frac{p_{st} q_{st} T}{\pi h T_{st}} \left[\frac{\varphi_{fD}}{\Delta \varphi_f} \right]_M$$

② MDH 法计算公式为:

$$k = \frac{0.733 A p_{st} q_{st} T}{\pi H h T_{st}}$$

(2) 通过井下裂隙观测与防爆相机实拍照片分析,绘制古汉山矿地质单元 I 内的裂隙走向与倾向玫瑰花图,进一步得出地质单元Ⅰ内走向裂隙发育的优势方位为 NE35°。

（3）在明确走向裂隙优势方位的基础上,布置了压力恢复曲线测试钻孔,测定垂直于裂隙优势方位和平行于裂隙优势方位钻孔瓦斯压力恢复曲线,并利用建立的图版法和 MDH 法计算了煤层渗透率,其中垂直区域裂隙方向的渗透率为 12.9～17.1 mD,平行于区域主裂隙方面的渗透率为 6.62 mD。由测定结果可以看出古汉山矿二₁煤层渗透率在裂隙不同方向存在各向异性。根据我国对煤层渗透率的大小分类,本次测定结果表明古汉山矿二₁煤层属于高渗透率煤层,这与中原油田通过试井法测得古汉山矿二₁煤层渗透率时得到的结果相同,从而也可以证明本次利用钻孔瓦斯压力恢复法测定煤层渗透率结果的可靠性。

6　结论与展望

6.1　结　　论

本书在分析大量国内外参考文献、研究成果的基础上，结合实验室测试对古汉山矿二$_1$煤的孔隙特征、吸附特征、瓦斯解吸规律的研究，建立了瓦斯瞬时扩散系数计算方法；考虑瓦斯在煤基质中扩散具有瞬时特性，构建了煤基质非稳态瞬时扩散数学模型，根据分离变量法得到了其解析解。在此基础上描述了瓦斯在煤层中的解吸-瞬时扩散-渗流运移机制，建立了相应的瞬时扩散-渗流方程，通过 COMSOL 数值软件对方程进行了求解，同时绘制了不同条件下的渗透率计算图版。在实验室、现场条件下测定瓦斯压力恢复曲线，并利用图版法通过瓦斯压力恢复曲线计算了实验和现场条件下煤的渗透率。通过对比验证了结果的可靠性和方法的可行性。所得结果为准确、简单地测定煤层瓦斯渗透率提供理论基础和实践经验。

通过本书的研究，所得到的主要结论及认识可概述如下：

（1）根据低温液氮测定的煤体孔隙结构可以得出，煤中微孔的比表面积占总比表面积的比例较大，不同类型煤样，平均孔径小于 10 nm 的孔隙的比表面积占总比面积的 51％～69％，而孔隙体积占总体积的比例相对较小，平均孔径小于 10 nm 的孔隙的孔隙体积占总孔容的 12％～21％。由此可见微孔具有较大的比表面积和相对较小的孔隙体积，微孔是煤层瓦斯的主要储存空间，但其孔隙体积较小，瓦斯在微孔孔中的运动规律与常规气藏不同。平均孔径大于 100 nm 的孔隙，其比表面积只占总比表面的 2％～5％，其孔容占总孔容的 25％～33％。由此可见 100 nm 以上的孔隙存储瓦斯较少，是主要的渗透空间。煤层的孔隙尺度大小不一，煤层里的瓦斯多储存在孔隙尺度为纳米级的微孔中，纳米级孔隙里应用扩散规律描述瓦斯的运移。

（2）古汉山矿二$_1$煤层的原生结构煤与构造煤表现出不同的吸附回环类型。其中，原生结构煤的液氮吸附回环的特征为，相对压力下降初期（0.9～1.0）解吸曲线迅速下降，之后解吸曲线变得平缓，吸附和解吸曲线不闭合。但是，无烟煤形成的构造煤的吸附回环与原生结构煤不同，吸附回环与 H$_2$ 回环相似，解吸曲线出现轻微的拐点，吸附-解吸曲线大致平行，这表明：构造煤受地应力改造后孔隙连通性变好，瓦斯解吸能力明显增加。

（3）将相似理论和扩散第二定律相结合建立了瓦斯瞬时扩散系数的计算方法。与其他计算煤粒瓦斯扩散系数方法对比的结果表明：相似准数法计算煤粒瓦斯瞬时扩散系数的结果较为可靠。瓦斯瞬时扩散系数在煤粒放散初期变化越大，随着时间的延长扩散系数变化率逐渐减小。瓦斯瞬时扩散系数是时间的函数，可以较好地表示成幂函数形式，即

$$D(t) = D_0(1+t)^{-\alpha}$$

（4）假设煤基质为球形，且扩散系数随时间的变化而变化，依据扩散第二定律构建了瞬时扩散模型，同时利用分离变量法，解出了煤基质的浓度梯度，即

$$\frac{\partial c}{\partial r}\Big|_{r=d} = (c_f - c_i) \times \frac{2}{R} \sum_{n=1}^{\infty} \left[\exp\left(-\frac{n^2 \pi^2 D_0 \left[(1+t)^{1-\alpha} - 1\right]}{R^2 (1-\alpha)} \right) \right]$$

结合扩散第一定律，得到煤基质向裂隙系统的瓦斯扩散量。为了验证瞬时扩散模型描述煤基质扩散的准确性与可靠性，得到了煤粒扩散量解析表达式：

$$\frac{Q_t}{Q_\infty} = 1 - \frac{6}{\pi^2} \sum_{n=1}^{\infty} \frac{1}{n^2} \exp\left(-\frac{n^2 \pi^2 D_0 \left[(1+t)^{1-\alpha} - 1\right]}{d^2 (1-\alpha)} \right)$$

对比计算数据和试验实测数据，发现计算值与实测值基本重合，理论模型能够较好地描述实际过程。瞬时扩散模型反映了在复杂孔隙条件下瓦斯扩散场由煤粒表面到煤粒内部的波及过程，处于连通性好的大孔中的瓦斯优先涌出煤粒，然后是次一级孔隙中的瓦斯涌出煤粒。

（5）煤层是典型的孔隙-裂隙双重介质，瓦斯在煤层中流动时，扩散作用起到了重要的作用，瓦斯瞬时扩散模型较传统的常扩散模型能较好地描述瓦斯扩散过程，因此考虑煤基质瞬时扩散对煤层瓦斯流动的影响，建立了瞬时扩散-渗流模型，为了使方程不受量纲的影响且具有普遍使用性，将瞬时扩散-渗流方程进行了无量纲化：

① 瞬时扩散线性渗流

$$\frac{\partial^2 \varphi_{fD}}{\partial^2 y_D} = \frac{\partial \varphi_{fD}}{\partial t_D} + \eta \left(1 + \omega t_D\right)^{-(F+\alpha)} \varphi_{fD}$$

无量纲量：

$$y_D = \frac{y}{r_m}, \quad \varphi_{fD} = \frac{2\pi k r_m T_{标}}{p_{标} q_{标} T} (\varphi_i - \varphi_f), \quad t_D = \frac{kt}{\varphi \mu C_f r_m^2}$$

② 瞬时扩散-径向渗流模型

$$\frac{\partial^2 \varphi_{fD}}{\partial^2 r_D} + \frac{1}{r_D} \frac{\partial \varphi_{fD}}{r_D r_D} = \frac{\partial \varphi_{fD}}{\partial t_D} + \eta \left(1 + \omega t_D\right)^{-(F+\alpha)} \varphi_{fD}$$

无量纲量：

$$r_D = \frac{r}{h}, \quad \varphi_{fD} = \frac{\pi k h T_{标}}{p_{标} q_{标} T} (\varphi_i - \varphi_f), \quad t_D = \frac{kt}{\varphi \mu C_f h^2}$$

（6）搭建了煤样瓦斯压力恢复过程测定系统。该系统能够测定不同瓦斯压力、不同应力条件下煤样瓦斯压力恢复曲线，同时能够用稳态法测定煤样渗透率。依据构建的瞬时扩散-线性渗流模型和绘制的渗透率计算图版，建立实验条件下煤样瓦斯压力恢复曲线的渗透率解算方法。在此基础上对比了两种方法测定煤样渗透率的结果。结果表明，利用压力恢复法测得煤体渗透率的结果与稳态法测定的结果相差不大，绝对差值最大为 -1.49×10^{-17}，最小为 -0.16×10^{-17}。两种方法测定煤体渗透率的结果相同，由此可以证明用压力恢复法测定煤渗透率的可靠性。

（7）研发了以自存储式电子压力计为核心的煤矿井下钻孔瓦斯压力恢复曲线测定小型装置，并通过井下观测、防爆相机照相等方式，明确瓦斯压力恢复测定区域的走向裂隙优势方位。在此基础上布置了瓦斯压力恢复曲线测定钻孔，测定了古汉山矿二₁煤层钻孔瓦斯压力恢复曲线。在构建的无限大瞬时扩散-径向渗流模型的基础上，建立了煤层钻孔瓦斯压力恢复曲线的渗透率计算方法，解算出了二₁煤层渗透率。其中垂直于区域裂隙走向方向的渗

透率为$(1.29\sim1.71)\times10^{-14}$ m²,平行于区域主裂隙方向的渗透率为6.62×10^{-15} m²。由测定结果可以看出二₁煤层渗透率在裂隙不同方向存在各向异性。根据我国对煤层渗透率的大小分类,本次测定结果表明古汉山矿二₁煤层属于高渗透率煤层,这与中原油田通过试井法测得古汉山矿二₁煤层渗透率时得到的结果相同,从而也可以证明本次利用钻孔瓦斯压力恢复法测定煤层渗透率结果的可靠性与可行性。

本书的主要创新点有:

(1) 建立了煤基质非稳态幂函数-瞬时扩散模型

基于相似理论和扩散第二定律建立了简便、准确的瞬时扩散系数计算方法,证明扩散系数是随时间呈幂函数递减的形式,在此基础上将煤基质简化成多孔球形颗粒,建立了煤基质非稳态瞬时扩散模型,同时得到形式简单的解析解,较为准确地描述了煤基质的扩散过程。

(2) 构建了煤层瓦斯流动的非稳态瞬时扩散-渗流模型

考虑了煤基质的非稳态瞬时扩散特征,建立了煤层瓦斯流动的非稳态瞬时扩散-渗流模型。该模型可以从理论上揭示煤基质在瞬时扩散条件下瓦斯在煤层中的运移过程,为煤层瓦斯压力恢复分析奠定了理论基础。

(3) 建立了基于非稳态瞬时扩散-渗流模型的渗透率计算图版和解算方法

将非稳态瞬时扩散-渗流模型引入瓦斯压力恢复法煤层渗透率测定过程,建立了实验室条件(线性流)和现场条件下(径向流)渗透率图版和相应的渗透率计算方法。该方法计算简单,相对"半对数法"和"MDH 法"计算渗透率,其适用性强,能更好地服务于煤矿安全生产。

6.2 展　　望

我国煤层受多期构造运动的影响,煤层破坏严重,煤层的孔隙、裂隙系统复杂,不同的地区存在显著的差异,同时瓦斯在煤层中流动存在多重机制(吸附、解吸、扩散、渗流),并且采矿过程中工序复杂,现场测定钻孔瓦斯压力恢复曲线过程受各种因素影响,因此,利用瓦斯压力恢复曲线解算煤层渗透率的工作任重而道远。本书对基于瓦斯压力恢复曲线测定渗透率技术进行了理论、数值、实验和现场研究,对瓦斯在煤层中的流动过程进行了深入的分析,但研究的前提是在现场实际条件和理论模型下进行的简化,忽略了其中的一些影响因素,由于认识、知识和试验条件的限制,有些因素可能是一些关键的因素,因此围绕"基于瓦斯压力恢复曲线测定渗透率"这一课题,今后需进一步开展的研究工作如下:

(1) 井下煤层瓦斯流场复杂,存在着不同方向的流场,本书建立了无限大瞬时扩散-径向渗流件下的渗透率计算图版和相应煤层渗透率解算方法,今后须根据煤矿井下的实际条件建立无限大瞬时扩散-线性渗流模型和无限大瞬时扩散-球向渗流模型及相应的渗透率计算图版和解算方法。

(2) 本书在计算煤层渗透的过程中,利用的煤层排放瓦斯初期的稳定流量,即压力恢复曲线初期的数据,今后进一步升级实验和现场设备,实现长期测流量,短期测压力恢复,从而使压力恢复曲线与图版实现更好的拟合,进一步探讨煤层长期排放瓦斯时煤层渗透率的测定方法。

(3) 通过图版计算渗透率的时候采用的是手动的方式进行拟合,今后进一步开发可自动拟合的计算机应用程序,从而实现渗透率计算的自动化。

参 考 文 献

[1] 黄中伟,李国富,杨睿月,等.我国煤层气开发技术现状与发展趋势[J].煤炭学报,2022,47(9):3212-3238.

[2] 申建.我国主要盆地深部煤层气资源量预测[R].中国矿业大学,2021.

[3] 张道勇,朱杰,赵先良,等.全国煤层气资源动态评价与可利用性分析[J].煤炭学报,2018,43(6):1598-1604.

[4] 张子敏,林又玲,吕邵林.中国煤层瓦斯分布特征[M].北京:煤炭工业出版社,1998.

[5] 周世宁,林柏泉.煤层瓦斯赋存与流动理论[M].北京:煤炭工业出版社,1999.

[6] 李伟,杨世龙,周红星,等.重复注气压降法煤层渗透率模型与原位测试研究[J].煤炭科学技术:1-9.

[7] SMITH D M,WILLIAMS F L. Diffusional effects in the recovery of methane from coalbeds[J]. Society of Petroleum Engineers Journal,1984,24(5):529-535.

[8] 聂百胜,何学秋,王恩元.瓦斯气体在煤孔隙中的扩散模式[J].矿业安全与环保,2000,27(5):14-16.

[9] 聂百胜,何学秋,王恩元.瓦斯气体在煤层中的扩散机理及模式[J].中国安全科学学报,2000,10(6):24-28.

[10] 何学秋,聂百胜.孔隙气体在煤层中扩散的机理[J].中国矿业大学学报,2001,30(1):1-4.

[11] 闫宝珍,王延斌,倪小明.地层条件下基于纳米级孔隙的煤层气扩散特征[J].煤炭学报,2008,33(6):657-660.

[12] Richard M Barrer. Diffusion in and through solids [M]. London:Cambridge University Press,1951.

[13] SEVENSTER P G. Diffusion of gases through coal [J]. Fuel,1959,38(9):403-418.

[14] CRANK J. The mathematic of diffusion (second edition)[M]. Oxford:Oxford University Press,1975.

[15] 杨其銮,王佑安.煤屑瓦斯扩散理论及其应用[J].煤炭学报,1986(3):87-94.

[16] 杨其銮,王佑安.瓦斯球向流动数学模拟[J].中国矿业学院学报,1988,(3):55-61.

[17] 张飞燕,韩颖.煤屑瓦斯扩散规律研究[J].煤炭学报,2013,38(9):1589-1596.

[18] 聂百胜,郭勇义,吴世跃,等.煤粒瓦斯扩散的理论模型及其解析解[J].中国矿业大学学报,2001,30(1):19-22.

[19] LI Y B,XUE S,WANG J F,et al. Gas diffusion in a cylindrical coal sample-A general solution, approximation and error analyses [J]. International Journal of Mining Science and Technology,2014,24(1):69-73.

[20] CUI X J,BUSTIN R M,DIPPLE G. Selective transport of CO_2 ,CH_4 ,and N_2 in coals: insights from modeling of experimental gas adsorption data[J]. Fuel,2004,83(3): 293-303.

[21] RUCKENSTEIN E,VAIDYANATHAN A S,YOUNGQUIST G R. Sorption by solids with bidisperse pore structures[J]. Chemical Engineering Science,1971,26(9): 1305-1318.

[22] CLARKSON C R,BUSTIN R M. The effect of pore structure and gas pressure upon the transport properties of coal:a laboratory and modeling study[J]. Fuel,1999,78 (11):1345-1362.

[23] SHI J Q,DURUCAN S. A bidisperse pore diffusion model for methane displacement desorption in coal by CO_2 injection[J]. Fuel,2003,82(10):1219-1229.

[24] 易俊,姜永东,鲜学福. 煤层微孔中甲烷的简化双扩散数学模型[J]. 煤炭学报,2009, 34(3):355-360.

[25] LI Z T,LIU D M,CAI Y D,et al. Investigation of methane diffusion in low-rank coals by a multiporous diffusion model [J]. Journal of Natural Gas Science and Engineering,2016,33:97-107.

[26] 简星,关平,张巍. 煤中 CO_2 的吸附和扩散:实验与建模[J]. 中国科学(地球科学), 2012,42(4):492-504.

[27] 袁军伟. 颗粒煤瓦斯扩散时效特性研究[D]. 北京:中国矿业大学(北京),2014.

[28] YUE G W,WANG Z F,XIE C,et al. Time-dependent methane diffusion behavior in coal:measurement and modeling[J]. Transport in Porous Media,2017,116(1): 319-333.

[29] 岳高伟,王兆丰,康博. 低温环境煤的瓦斯扩散系数时变特性[J]. 中国安全科学学报, 2014,24(2):107-112.

[30] 李志强,王司建,刘彦伟,等. 基于动扩散系数新扩散模型的构造煤瓦斯扩散机理[J]. 中国矿业大学学报,2015,44(5):836-842.

[31] 李志强,王登科,宋党育. 新扩散模型下温度对煤粒瓦斯动态扩散系数的影响[J]. 煤炭学报,2015,40(5):1055-1064.

[32] 李志强,刘勇,许彦鹏,等. 煤粒多尺度孔隙中瓦斯扩散机理及动扩散系数新模型[J]. 煤炭学报,2016,41(3):633-643.

[33] 王司建,李志强. 构造煤多尺度孔隙中瓦斯扩散的动扩散系数新模型[J]. 煤矿安全, 2015,46(5):16-19.

[34] JIANG H N,CHENG Y P,YUAN L,et al. A fractal theory based fractional diffusion model used for the fast desorption process of methane in coal [J]. Chaos:an Interdisciplinary Journal of Nonlinear Science,2013,23(3):033111.

[35] 刘彦伟. 煤粒瓦斯放散规律、机理与动力学模型研究[D]. 焦作:河南理工大学,2011.

[36] FLETCHER A J,UYGUR Y,THOMAS K M. Role of surface functional groups in the adsorption kinetics of water vapor on microporous activated carbons[J]. The Journal of Physical Chemistry C,2007,111(23):8349-8359.

[37] PAN Z J,CONNELL L D,CAMILLERI M,et al. Effects of matrix moisture on gas diffusion and flow in coal[J]. Fuel,2010,89(11):3207-3217.

[38] STAIB G, SAKUROVS R, MAC A GRAY E. A pressure and concentration dependence of CO_2 diffusion in two Australian bituminous coals[J]. International Journal of Coal Geology,2013,116/117:106-116.

[39] 刘彦伟.温度对煤粒瓦斯扩散动态过程的影响规律与机理[J].煤炭学报,2013(增刊1):100-105.

[40] 郭勇义,吴世跃,王跃明,等.煤粒瓦斯扩散及扩散系数测定方法的研究[J].山西矿业学院学报,1997,15(1):15-19.

[41] 陈向军,程远平,何涛,等.注水对煤的瓦斯扩散特性影响[J].采矿与安全工程学报,2013,30(3):443-448.

[42] 聂百胜,杨涛,李祥春,等.煤粒瓦斯解吸扩散规律实验[J].中国矿业大学学报,2013,42(6):975-981.

[43] CHARRIÈRE D,POKRYSZKA Z,BEHRA P. Effect of pressure and temperature on diffusion of CO_2 and CH_4 into coal from the Lorraine Basin (France) [J]. International Journal of Coal Geology,2010,81(4):373-380.

[44] PILLALAMARRY M,HARPALANI S,LIU S M. Gas diffusion behavior of coal and its impact on production from coalbed methane reservoirs[J]. International Journal of Coal Geology,2011,86(4):342-348.

[45] 张路路,魏建平,温志辉,等.基于动态扩散系数的煤粒瓦斯扩散模型[J].中国矿业大学学报,2020,49(1):62-68.

[46] 秦跃平,王翠霞,王健,等.煤粒瓦斯放散数学模型及数值解算[J].煤炭学报,2012,37(9):1466-1471.

[47] 秦跃平,郝永江,王亚茹,等.基于两种数学模型的煤粒瓦斯放散数值解算[J].中国矿业大学学报,2013,42(6):923-928.

[48] 秦跃平,刘鹏.煤粒瓦斯吸附规律的实验研究及数值分析[J].煤炭学报,2015,40(4):749-753.

[49] 秦跃平,郝永江,刘鹏,等.封闭空间内煤粒瓦斯解吸实验与数值模拟[J].煤炭学报,2015,40(1):87-92.

[50] 秦跃平,王健,郑赟,等.煤粒瓦斯变压吸附数学模型及数值解算[J].煤炭学报,2017,42(04):923-928.

[51] 刘鹏,秦跃平,郝永江.基于密度差驱动流的非线性瓦斯吸附研究:实验与数值解算[J].煤炭学报,2018,43(3):735-742.

[52] 安丰华,贾宏福,刘军.基于煤孔隙构成的瓦斯扩散模型研究[J].岩石力学与工程学报,2021,40(5):987-996.

[53] 李志强,陈金生,李林,等.煤层瓦斯微纳米串联多尺度动态扩散渗透率实验-模型-机理及意义[J].煤炭学报,2023,48(4):1551-1566.

[54] 富向,王魁军,杨天鸿.构造煤的瓦斯放散特征[J].煤炭学报,2008,33(7):775-779.

[55] 陈向军.强烈破坏煤瓦斯解吸规律研究[D].焦作:河南理工大学,2008.

[56] 杨其銮.关于煤屑瓦斯放散规律的试验研究[J].煤矿安全,1986,18(2):9-17.

[57] 曹垚林,仇海生.碎屑状煤芯瓦斯解吸规律研究[J].中国矿业,2007,16(12):119-123.

[58] 王兆丰.空气、水和泥浆介质中煤的瓦斯解吸规律与应用研究[D].徐州:中国矿业大学,2001.

[59] 卢平,朱德信.解吸法测定煤层瓦斯压力和瓦斯含量的实验研究[J].淮南矿业学院学报,1995,15(4):34-40.

[60] JOUBERT J,GREIN C,BIENSTOCK D. Sorption of methane in moist coal[J]. Fuel,1973,52(3):181-185.

[61] JOUBERT J I,GREIN C T,BIENSTOCK D. Effect of moisture on the methane capacity of American coals[J].Fuel,1974,53(3):186-191.

[62] CLARKSON C R,BUSTIN R M. Binary gas adsorption/desorption isotherms:effect of moisture and coal composition upon carbon dioxide selectivity over methane[J]. International Journal of Coal Geology,2000,42(4):241-271.

[63] 曾社教,马东民,王鹏刚.温度变化对煤层气解吸效果的影响[J].西安科技大学学报,2009,29(4):449-453.

[64] 杨福蓉.高压重量法测定煤对甲烷吸附的实验研究[J].煤矿安全,1995,(4):7-9.

[65] 杨福蓉.煤高压吸附甲烷实验方法及其改进[J].煤矿安全,1995(10):12-15.

[66] 章梦涛,潘一山,梁冰,等.煤岩流体力学[M].北京:科学出版社,1995.

[67] 张建国.油气层渗流力学[M].2版.东营:中国石油大学出版社,2009.

[68] 孙培德,鲜学福,茹宝麒.煤层瓦斯渗流力学研究现状和展望[J].煤炭工程师,1996(3):23-30.

[69] 孙培德,鲜学福.煤层瓦斯渗流力学的研究进展[J].焦作工学院学报(自然科学版),2001(3):161-167.

[70] 周世宁,孙辑正.煤层瓦斯流动理论及其应用[J].煤炭学报,1965,2(1):24-36.

[71] 周世宁.用电子计算机对两种测定煤层透气性系数方法的检验[J].中国矿业学院学报,1984,13(3):38-47.

[72] 周世宁.电子计算机在研究煤层瓦斯流动理论中的应用[J].煤炭学报,1984,19(2):29-35.

[73] 周世宁.煤层透气系数的测定和计算[J].中国矿业学院学报,1980(1):4-9.

[74] 郭勇义.煤层瓦斯一维流场流动规律的完全解[J].中国矿业学院学报,1984,2(2):19-28.

[75] 谭学术.矿井煤层真实瓦斯渗流方程的研究[J].重庆建筑工程学院学报,1986,(1):106-112.

[76] 孙培德.瓦斯动力学模型的研究[J].煤田地质与勘探,1993,21(1):32-40.

[77] SUN P D. Coal gas dynamics and its applications [J]. Scientia Geologica Sinica,1994,3(1):66-72.

[78] 余楚新.煤层中瓦斯富集、运移的基础与应用研究[D].重庆:重庆大学,1995.

[79] 余楚新,鲜学福,谭学术.煤层瓦斯流动理论及渗流控制方程的研究[J].重庆大学学报(自然科学版),1989(5):1-10.

[80] 高建良,吴金刚.煤层瓦斯流动数值解算时空步长的选取[J].中国安全科学学报,2006,16(7):9-12.

[81] 高建良,候三中.掘进工作面动态瓦斯压力分布及涌出规律[J].煤炭学报,2007,32(11):1127-1131.

[82] 高建良,尚宾,张学博.导气管阻力特性对钻孔瓦斯涌出初速度的影响[J].煤炭学报,2011,36(11):1869-1873.

[83] 郭尚平,张盛宗,桓冠仁,等.渗流研究和应用的一些动态[C]//第五届全国渗流力学学术研讨会论文集.北京:石油工业出版社,1996:1-12.

[84] 孙培德.煤层瓦斯流场流动规律的研究[J].煤炭学报,1987,12(4):74-82.

[85] 罗新荣.煤层瓦斯运移物理模拟与理论分析[J].中国矿业大学学报,1991,20(3):55-61.

[86] 姚宇平.煤层瓦斯流动的达西定律与幂定律[J].山西矿业学院学报,1992,10(1):32-37.

[87] 刘明举.幂定律基础上的煤层瓦斯流动模型[J].焦作矿业学院学报,1994,36(1):36-42.

[88] 李波,魏建平,王凯,等.煤层瓦斯渗流非线性运动规律实验研究[J].岩石力学与工程学报,2014(增1):3219-3224.

[89] 张志刚,程波.考虑吸附作用的煤层瓦斯非线性渗流数学模型[J].岩石力学与工程学报,2015,34(5):1006-1012.

[90] 张志刚,程波.考虑吸附作用影响的煤层瓦斯非线性渗流的数学模型[J].岩石力学与工程学报,2015:1-7.

[91] 张志刚,程波.含瓦斯煤体非线性渗流模型[J].中国矿业大学学报,2015,44(3):453-459.

[92] 张志刚,胡千庭.基于考虑吸附作用影响的含瓦斯煤渗透特性分析方法[J].矿业安全与环保,2015(3):98-100.

[93] 秦跃平,刘鹏,刘伟,等.双重介质煤体钻孔瓦斯双渗流模型及数值解算[J].中国矿业大学学报,2016,45(6):1111-1117.

[94] WU Y,LIU J S,ELSWORTH D,et al. Dual poroelastic response of a coal seam to CO_2 injection[J]. International Journal of Greenhouse Gas Control,2010,4(4):668-678.

[95] WU Y,LIU J S,ELSWORTH D,et al. Development of anisotropic permeability during coalbed methane production[J]. Journal of Natural Gas Science and Engineering,2010,2(4):197-210.

[96] 吴世跃.煤层中的耦合运动理论及其应用:具有吸附作用的气固耦合运动理论[M].北京:科学出版社,2009.

[97] 石军太,李相方,徐兵祥,等.煤层气解吸扩散渗流模型研究进展[J].中国科学,2013,43(12):1548-1557.

[98] PAN Z J,CONNELL L D. Modelling permeability for coal reservoirs:a review of analytical models and testing data[J]. International Journal of Coal Geology,2012,

92:1-44.

[99] 霍多特.煤与瓦斯突出[M].宋世钊,王佑安,译.北京:中国工业出版社,1966.

[100] GU F G, CHALATURNYK R. Permeability and porosity models considering anisotropy and discontinuity of coalbeds and application in coupled simulation[J]. Journal of Petroleum Science and Engineering,2010,74(3/4):113-131.

[101] ROBERTSON E P,CHRISTIANSEN R L. A permeability model for coal and other fractured,sorptive-elastic media[J]. SPE Journal,2008,13(3):314-324.

[102] VALLIAPPAN S,WOHUA Z. Numerical modelling of methane gas migration in dry coal seams[J]. International Journal for Numerical and Analytical Methods in Geomechanics,1996,20(8):571-593.

[103] THARAROOP P, KARPYN Z T, ERTEKIN T. Development of a multi-mechanistic, dual-porosity, dual-permeability, numerical flow model for coalbed methane reservoirs[J]. Journal of Natural Gas Science and Engineering,2012,8:121-131.

[104] BARENBLATT G I,ZHELTOV I P,KOCHINA I N. Basic concepts in the theory of seepage of homogeneous liquids in fissured rocks strata[J]. Journal of Applied Mathematics and Mechanics,1960,24(5):1286-1303.

[105] WARREN J E, ROOT P J. The behavior of naturally fractured reservoirs[J]. Society of Petroleum Engineers Journal,1963,3(3):245-255.

[106] ODEH A S. Unsteady-state behavior of naturally fractured reservoirs[J]. Society of Petroleum Engineers Journal,1965,5(1):60-66.

[107] 杨力生.我国煤矿开展瓦斯地质研究的现状与展望[J].瓦斯地质,1985(1):3-7.

[108] SAGHAFI A.煤层瓦斯流动的计算机模拟及其在预测瓦斯涌出和抽放瓦斯中的应用[C]//第22届国际采矿安全会议论文集.北京:煤炭工业出版社,1987.

[109] 吴世跃.煤层瓦斯扩散与渗流规律的初步探讨[J].山西矿业学院学报,1994,12(3):259-263.

[110] 吴世跃,郭勇义.煤层气运移特征的研究[J].煤炭学报,1999(1):67-71.

[111] 段三明,聂百胜.煤层瓦斯扩散-渗流规律的初步研究[J].太原理工大学学报,1998,29(4):414-416.

[112] 张力,何学秋,李侯全.煤层气渗流方程及数值模拟[J].天然气工业,2002,22(1):23-26.

[113] 魏建平,王洪磊,王登科,等.考虑渗流-扩散的煤层瓦斯流动修正模型[J].中国矿业大学学报,2016,45(5):873-878.

[114] 刘能强.实用现代试井解释方法[M].5版.北京:石油工业出版社,2008.

[115] 阿曼纳特.气井试井手册[M].冉新权,刘海浪,编译.北京:石油工业出版社,2008.

[116] 加拿大国家能源保护委员会.气井试井理论与实践[M].童宪章,译.北京:石油工业出版社,1988.

[117] 庄惠农.气藏动态描述和试井[M].北京:石油工业出版社,2004.

[118] 王刚,戴卫华,段宇.压力恢复试井探测半径计算新方法[J].中国海上油气,2014,

26(5):55-57.

[119] 刘鹏超,唐海,吕栋梁,等.利用压力恢复曲线求取油井控制储量的新方法[J].岩性油气藏,2010,22(3):106-109.

[120] 周守为.利用压力恢复曲线确定双重介质地层油井的地质储量[J].石油勘探与开发,1985(5):45-50.

[121] 周维四,陈燕津.双重介质压力恢复曲线研究及其应用(一)[J].石油学报,1981(1):69-78.

[122] 周维四,陈燕津.双重介质压力恢复曲线研究及其应用(二)[J].石油学报,1981(2):61-69.

[123] 尹定.多重孔隙介质模型及其压力恢复曲线形态[J].石油勘探与开发,1983(3):59-64.

[124] ZHANG Z,HE S L,LIU G F,et al. Pressure buildup behavior of vertically fractured wells with stress-sensitive conductivity [J]. Journal of Petroleum Science and Engineering,2014,122:48-55.

[125] 周世宁.从钻孔瓦斯压力上升曲线计算煤层透气系数的方法[J].中国矿业学院学报,1982(3):8-15.

[126] 煤炭科学研究院抚顺研究所,焦作矿务局研究所.应用压力恢复曲线测定煤层瓦斯渗流参数[J].煤矿安全,1986(12):1-6.

[127] 张占存.压力恢复曲线测定煤层瓦斯赋存参数的试验研究[J].煤炭学报,2012,37(8):1310-1314.

[128] 杨宁波.结合钻孔瓦斯压力恢复曲线计算煤层透气性系数的方法研究[D].焦作:河南理工大学,2009.

[129] 薛晓晓.基于径向流动理论评价煤层可抽性能[D].焦作:河南理工大学,2011.

[130] 王昭.钻孔瓦斯径向流动的煤层透气性计算方法[D].焦作:河南理工大学,2014.

[131] 董庆祥.基于瓦斯压力恢复曲线的煤层透气性系数测定方法研究[D].焦作:河南理工大学,2015.

[132] 雷建伟.基于钻孔瓦斯压力恢复理论求解煤层透气系数方法研究[D].焦作:河南理工大学,2017.

[133] 雷文杰,雷建伟,杨宏民,等.钻孔瓦斯压力恢复法求解煤层透气性系数[J].煤田地质与勘探,2017,45(6):28-33.

[134] 刘明举,陈亮,曾昭友.基于压力恢复曲线的富水煤层瓦斯测压结果修正[J].煤炭科学技术,2013,41(7):71-74.

[135] 王国际,岑培山,田坤云,等.上倾角含水瓦斯压力测压孔压力恢复曲线分析[J].煤炭科学技术,2010,38(3):52-54.

[136] 傅永帅.基于压力恢复曲线测定煤层参数研究[J].露天采矿技术,2017,32(8):36-38.

[137] 傅永帅.基于压力恢复曲线测定煤层瓦斯参数研究[J].煤炭技术,2018,37(2):181-183.

[138] 郝家兴,刘垒,王彦敏.压力恢复曲线测定煤层瓦斯赋存参数的试验研究[J].内蒙古

煤炭经济,2020(14):64-65.

[139] HARPALANI S,CHEN G L. Influence of gas production induced volumetric strain on permeability of coal[J]. Geotechnical & Geological Engineering,1997,15(4):303-325.

[140] MAZUMDER S,WOLF K H. Differential swelling and permeability change of coal in response to CO_2 injection for ECBM[J]. International Journal of Coal Geology,2008,74(2):123-138.

[141] MITRA A. Laboratory investigation of coal permeability under replicated in situ stress regime[D]. Ann Arbor:Southern Illinois University at Carbondale,2010.

[142] 赵阳升,胡耀青,杨栋,等.三维应力下吸附作用对煤岩体气体渗流规律影响的实验研究[J].岩石力学与工程学报,1999,18(6):651-653.

[143] DURUCAN S,EDWARDS J S. The effects of stress and fracturing on permeability of coal[J]. Mining Science and Technology,1986,3(3):205-216.

[144] 冯增朝,郭红强,李桂波,等.煤中吸附气体的渗流规律研究[J].岩石力学与工程学报,2014,33(增刊2):3601-3605.

[145] HARPALANI S,SCHRAUFNAGEL R. Shrinkage of coal matrix with release of gas and its impact on permeability of coal[J]. Fuel,1990,69(5):551-556.

[146] MAZUMDER S,KARNIK A,WOLF K H. Swelling of coal in response to CO_2 sequestration for ECBM and its effect on fracture permeability[J]. SPE Journal,2006,11(3):390-398.

[147] 姜德义,袁曦,陈结,等.吸附气体对突出煤渗流特性的影响[J].煤炭学报,2015,40(9):2091-2096.

[148] HUY P Q,SASAKI K,SUGAI Y,et al. Carbon dioxide gas permeability of coal core samples and estimation of fracture aperture width[J]. International Journal of Coal Geology,2010,83(1):1-10.

[149] MITRA A,HARPALANI S,LIU S M. Laboratory measurement and modeling of coal permeability with continued methane production:part 1 Laboratory results[J]. Fuel,2012,94:110-116.

[150] 李志强,鲜学福,隆晴明.不同温度应力条件下煤体渗透率实验研究[J].中国矿业大学学报,2009,38(4):523-527.

[151] 魏建平,吴松刚,王登科,等.温度和轴向变形耦合作用下受载含瓦斯煤渗流规律研究[J].采矿与安全工程学报,2015,32(1):168-174.

[152] 许江,李波波,周婷,等.加卸载条件下煤岩变形特性与渗透特征的试验研究[J].煤炭学报,2012,37(9):1493-1498.

[153] 许江,张丹丹,彭守建,等.三轴应力条件下温度对原煤渗流特性影响的实验研究[J].岩石力学与工程学报,2011,30(9):1848-1854.

[154] 王登科,魏建平,付启超,等.基于Klinkenberg效应影响的煤体瓦斯渗流规律及其渗透率计算方法[J].煤炭学报,2014,39(10):2029-2036.

[155] LIN W,TANG G Q,KOVSCEK A R. Sorption-induced permeability change of coal

during gas-injection processes[J]. SPE Reservoir Evaluation & Engineering,2008, 11(4):792-802.

[156] 王晋,王延斌,王向浩,等. CO_2 置换 CH_4 试验中煤体应变及渗透率的变化[J]. 煤炭学报,2015,40(增2):386-391.

[157] BUSCH A,KROOSS B M,GENSTERBLUM Y,et al. High-pressure adsorption of methane,carbon dioxideand their mixtures on coals with a special focus on the preferential sorption behaviour[J]. Journal of Geochemical Exploration,2003,78/79:671-674.

[158] LIANG W G,ZHAO Y S,WU D,et al. Experiments on methane displacement by carbon dioxide in large coal specimens[J]. Rock Mechanics and Rock Engineering, 2011,44(5):579-589.

[159] DUTKA B,KUDASIK M,TOPOLNICKI J. Pore pressure changes accompanying exchange sorption of CO_2/CH_4 in a coal briquette[J]. Fuel Processing Technology, 2012,100:30-34.

[160] 梁卫国,吴迪,赵阳升. CO_2 驱替煤层 CH_4 试验研究[J]. 岩石力学与工程学报, 2010,29(4):665-673.

[161] HAM Y. Measurement and simulation of relative permeability of coal to gas and water[D]. Ann Arbor:University of Calgary (Canada),2011.

[162] 魏建平,位乐,王登科. 含水率对含瓦斯煤的渗流特性影响试验研究[J]. 煤炭学报, 2014,39(1):97-103.

[163] BRACE W F,WALSH J B,FRANGOS W T. Permeability of granite under high pressure[J]. Journal of Geophysical Research,1968,73(6):2225-2236.

[164] PINI R,OTTIGER S,BURLINI L,et al. Role of adsorption and swelling on the dynamics of gas injection in coal[J]. Journal of Geophysical Research:Solid Earth, 2009,114(B4):B04203.

[165] PAN Z J,CONNELL L D,CAMILLERI M. Laboratory characterisation of coal reservoir permeability for primary and enhanced coalbed methane recovery[J]. International Journal of Coal Geology,2010,82(3/4):252-261.

[166] CHEN Z W,PAN Z J,LIU J S,et al. Effect of the effective stress coefficient and sorption-induced strain on the evolution of coal permeability:experimental observations[J]. International Journal of Greenhouse Gas Control,2011,5(5): 1284-1293.

[167] WANG S G,ELSWORTH D,LIU J S. Permeability evolution in fractured coal: the roles of fracture geometry and water-content [J]. International Journal of Coal Geology,2011,87(1):13-25.

[168] ZHENG G Q,PAN Z J,CHEN Z W,et al. Laboratory study of gas permeability and cleat compressibility for CBM/ECBM in Chinese coals[J]. Energy Exploration & Exploitation,2012,30(3):451-476.

[169] 祝捷,唐俊,王琪,等. 含瓦斯煤渗透率演化模型和实验分析[J]. 煤炭学报,2019,44

(6):1764-1770.

[170] 刘永茜.循环载荷作用下煤体渗透率演化的实验分析[J].煤炭学报,2019,44(8):2579-2588.

[171] 佩图霍夫.冲击地压和突出的力学计算方法[M].段克信,译.北京:煤炭工业出版社,1994.

[172] 王兆丰.用颗粒煤渗透率确定煤层透气性系数的方法研究[J].煤矿安全,1998(6):3-5.

[173] 陶云奇,闫本正,刘东.煤矿井下煤层渗透率直接测定方法研究及应用[J].煤矿安全,2018,49(3):140-143.

[174] 闫本正,陶云奇,王峰.一种井下煤层渗透率直接测定仪[J].煤矿安全,2017,48(12):90-93.

[175] 刘明举,何学秋.煤层透气性系数的优化计算方法[J].煤炭学报,2004,29(1):74-77.

[176] 王志亮,杨仁树.现场测定煤层透气性系数计算方法的优化研究[J].中国安全科学学报,2011,21(3):23-28.

[177] 高光发,陈建,石必明,等.煤层透气性系数的优化和简化计算方法[J].中国安全科学学报,2012,22(11):114-118.

[178] 孙培德.计算煤层透气系数的新方法[J].阜新矿业学院学报(自然科学版),1989(1):27-33.

[179] 郝琦.煤的显微孔隙形态特征及其成因探讨[J].煤炭学报,1987(4):51-56,97-101.

[180] 张慧.煤孔隙的成因类型及其研究[J].煤炭学报,2001,26(1):40-44.

[181] 张慧.中国煤的扫描电子显微镜研究[M].北京:地质出版社,2003.

[182] 傅雪海,秦勇,张万红,等.基于煤层气运移的煤孔隙分形分类及自然分类研究[J].科学通报,2005(增1):51-55.

[183] 吴俊,金奎励,童有德,等.煤孔隙理论及在瓦斯突出和抽放评价中的应用[J].煤炭学报,1991(3):86-95.

[184] 吴俊.突出煤和非突出煤的孔隙性研究[J].煤炭工程师,1987(5):1-6.

[185] BOER D J. The shape of capillaries[C]//EVERETT D H, STONE F S. The structure and properties of porous materials. London:Butterworth,1958.

[186] 陈萍,唐修义.低温氮吸附法与煤中微孔隙特征的研究[J].煤炭学报,2001,26(5):552-556.

[187] 降文萍,宋孝忠,钟玲文.基于低温液氮实验的不同煤体结构煤的孔隙特征及其对瓦斯突出影响[J].煤炭学报,2011,36(4):609-614.

[188] 蔺亚兵,贾雪梅,马东民.基于液氮吸附法对煤的孔隙特征研究与应用[J].煤炭科学技术,2016,44(3):135-140.

[189] 艾鲁尼.煤矿瓦斯动力现象的预测和预防[M].唐修义,译.北京:煤炭工业出版社,1992.

[190] 周尚文,薛华庆,郭伟,等.基于重量法的页岩气超临界吸附特征实验研究[J].煤炭学报,2016,41(11):2806-2812.

[191] 周尚文,李奇,薛华庆,等.页岩容量法和重量法等温吸附实验对比研究[J].化工进

展,2017,36(5):1690-1697.

[192] 傅雪海,秦勇,韦重韬.煤层气地质学[M].徐州:中国矿业大学出版社,2007.

[193] 魏建平,秦恒洁,王登科,等.含瓦斯煤渗透率动态演化模型[J].煤炭学报,2015,40 (7):1555-1561.

[194] 王登科,彭明,付启超,等.瓦斯抽采过程中的煤层透气性动态演化规律与数值模拟 [J].岩石力学与工程学报,2016,35(4):704-712.

[195] 魏建平,李鹏,李波.古汉山矿瓦斯赋存规律及其影响因素分析[J].煤矿安全,2012, 43(1):114-118.

[196] 郑继荣,张俊,张苗苗.焦作煤田煤层渗透率控制因素及预测[J].煤矿安全,2012, 43(10):170-173.

[197] 中原石油勘探局.焦作地区古汉山井田煤层气试验区评价[M].北京:石油工业出版 社,1996.

[198] 程维平,李健,程鸣.DST 试井技术在煤系非常规天然气储层应用研究[J].中国煤炭 地质,2018,30(4):29-32.

[199] 刘昌益.煤层气参数井中 DST 测试技术的应用[J].中国新技术新产品,2017(21): 14-15.

[200] 杨新辉,刘昌益,王彦龙,等.煤层气井专用 DST 测试设备研制及应用[J].煤田地质 与勘探,2014,42(6):40-43.